KiCad 7

Kurzer Einstieg für den Praktiker

KiCad 7

Kurzer Einstieg für den Praktiker

Jörg Bischof, DM6RAC

Inhaltsverzeichnis

0   Vorwort   6

1   Allgemeine Hinweise zur Leiterplatte   10
1.1 Die Leiterplatte   10
1.2 Die Bauelemente   11
1.3 Platzierung der Bauelemente   11
1.4 Gestaltung der Leiterzüge   12

2   KiCad einrichten   16
2.1 Installation   16
2.2 Der Projektmanager   17
2.3 Konfiguration   20
2.4 Template   21

3   Die Schaltung   24
3.1 Oberfläche des Schaltplaneditors   24
3.2 Schaltplan einrichten   26
3.3 Zeichnen des Schaltplanes   27

4   Platineneditor   38
4.1 Oberfläche   38
4.2 Konfiguration des Platineneditors   44
4.3 Routen   46

5   Fertigungsdaten   60
5.1 Benötigte Daten   60
5.2 Erstellung der Gerberdateien   60

6   Literatur   72

0 Vorwort

Seit meiner Jugend beschäftige ich mich mit Elektronikbasteleien. Dazu gehörten natürlich auch Leiterplatten. Früher hatte man das Platinenlayout auf kleinkarierten Schreibblöcken oder Millimeterpapier mit dem Bleistift entworfen. Im Raster 2,5 mm. Was natürlich dann mit dem Aufkommen von Schaltkreisen im 0,1"-Raster zu Problemen führte. Das gezeichnete Layout wurde auf die kupferkaschierte Platte gelegt, mit der Reißnadel angekörnt, dann gebohrt. Die Bohrlöcher waren die Orientierung zum Zeichnen. Als Abdeckung wurde Kerzenwachs genommen und die Trennlinien herausgekratzt. Geätzt mit konzentrierter Salpetersäure. Die Stickoxide waren ein furchtbarer Gestank. Später gab es Eisen-III-Oxid zu kaufen. Dann wurde mit einer Röhrchenfeder Nitrolack aufgetragen und damit geätzt. Schön waren die vielen Flecke, die man erzeugte und die „echt" waren. Versuche erfolgten auch mit wasserfestem Faserstift und geätzt mit Natriumpersulfat.

Später hatte man einen Computer und es kamen die ersten Programme zum Layouten heraus. Anfangs war es recht umständlich: man musste als Liste auf schreiben, was mit wem verbunden war. Und die Autorouter erzeugten abenteuerliche Layouts, die man kaum zeichnen konnte. Druck und fotochemische Verfahren waren für den Amateur kaum möglich.

Heute gibt es gute Programme, mit denen man sowohl das Leiterbild sowie auch das Platinenlayout gestalten kann und auch ausdruckt. Es gibt Anbieter, die Leiterplatten professionell herstellen und man kann mit den Programmen die dazu notwendigen Daten erzeugen.

Ich habe einige Programme ausprobiert: Autodesk Eagle, Target3001! und auch KiCad. Für mich war auch immer wichtig, dass ich damit die Schaltung zeichnen konnte und nach Möglichkeit die DIN EN 60617 eingehalten wurde. Letzteres ist nicht immer selbstverständlich. Oft tauchen entweder veraltete oder US-Schaltzeichen auf. Letztendlich habe ich mich mit KiCad angefreundet. Nicht zuletzt auch, weil ich es auf meinen Mac installieren konnte. Außer für macOS und Windows liegen Downloadmöglichkeiten für etliche Linux-Derivate vor.

Ich möchte hier die grundlegenden Schritte erläutern, die man mit dem Programm KiCad macht. Dabei beziehe ich mich auf die Version 7.0. Vieles trifft auch für Version 6 zu und wird sich wohl auch nicht mit neueren Versionen grundsätzlich ändern. Dieses Buch stellt eine Überarbeitung des Buches über KiCad 6, das 2022 erschien, dar.

Es sollen nicht alle Möglichkeiten ausgereizt werden. Dazu gibt es garantiert dickere und teurere Bücher. Ich möchte einfach das aufzeigen, was man so im Alltag braucht, um seine Schaltung und Leiterplatte zu entwerfen und dann letztendlich entweder selbst herzustellen oder durch einen Dienstleister herstellen zu lassen.

Zuerst gebe ich ein paar Hinweise, die man beachten sollte, wenn man eine Schaltung dann und darauf basierend das Layout der Platine entwirft. Es sind nicht zu viele Regeln und viele sind einfach ganz logisch. Dabei gehe ich erst mal davon aus, dass wir keine Projekte mit Hochspannung oder ganz hohen Frequenzen entwickeln. Hier gibt es nämlich Besonderheiten, die über den normalen Amateuralltag hinausgehen. Ich werde hier die dazu notwendigen Schritte erläutern. Auch gehe ich darauf ein, wie man selbst Platinen belichten und dann herstellen kann. Vielleicht hilft ja der eine oder andere Trick, ein gutes Produkt zu erstellen.

Wenn man nicht gerade schnell eine kleine Platine braucht, kann man sich, vorausgesetzt man findet den günstigen Dienstleister des Vertrauens, professionell Platinen für doch recht kleines Geld herstellen lassen. Die notwendigen Schritte dazu erläutere ich auch. Man muss ja nicht in jede Falle tappen …

Ich wünsche viel Spaß und viele Erfolgserlebnisse..

Kapitel 1
Leiterplatte

1   Allgemeine Hinweise zur Leiterplatte

1.1   Die Leiterplatte

Die Leiterplatte ist der Träger der elektronischen Schaltung. Sie kann aus unterschiedlichen Materialien bestehen. Früher war es Hartpapier, das mit Phenolharz getränkt war (NEMA-Klassifikation: FR2). Heute wird dieses Material allerdings als veraltet angesehen.

Ein mechanisch leicht bearbeitbares Material ist Hartpapier, das mit Epoxydharz als Bindemittel versehen ist. In der Klassifizierung nach NEMA ist die Bezeichnung FR3. Als Standardmaterial gilt die Klassifizierung FR4. Das Trägermaterial ist Glasgewebe, welches mit Epoxydharz getränkt ist. Letzteres stellt allerdings einige Anforderungen an die Bohrer. Zum Bohren sollte man schon Hartmetallbohrer verwenden. Normale Bohrer werden sehr schnell stumpf.

Für den Amateur gebräuchlich sind ein- oder zweiseitige Platinen. Die Platinen haben in der Regel eine Kupferschicht von 35 µm Stärke. Es gibt auch Platinen mit 17 µm und 70 µm starker Kupferschicht. Wenn man die Platine später selbst belichten und ätzen möchte, empfehle ich, sich an die Maße zu halten, die der Hersteller der Fotoplatinen vorgibt. Die Platine vor dem Belichten zu teilen geht kaum und danach erfordert es Arbeit und unnötigen Abfall. Wenn man einen Dienstleiter nimmt, spielt die Abmessung meisten höchstens für den Preis eine Rolle.

Mit amateurmäßigen Mitteln bei zweiseitigen Platinen eine Durchkontaktierung von einer zur anderen Seite zu machen ist nur schwer möglich. Es gibt zwar die Möglichkeit, spezielle Hohlnieten mit den dazugehörigen Presswerkzeugen zu verwenden. Der Preis des Werkzeuges liegt aber meist außerhalb dessen, was man für sein Hobby ausgeben möchte. Es bleibt nur die Alternative, Anschlüsse von Bauelementen oder kurze Drahtstücke zu nutzen.

1.2   Die Bauelemente

Bei den Bauelementen unterscheiden wir zwei große Kategorien:

- Bauelemente für Durchsteckmontagen (Through Hole Technology – THT)
  Das sind Bauelemente, die Anschlussdrähte haben, die durch Löcher gesteckt werden.

- Bauelemente für Oberflächenmontage (Surface Mounted Technology – SMT)
  Das sind die sogenannten SMD-Bauelemente, die direkt auf den Leiterzug gelötet werden.

Für Bauelemente mit axialen Drähten als Anschlüsse (Widerstände, Drosseln u.ä.) ist es sinnvoll, sich eine Biegelehre zuzulegen. Die kostet so um den einen Euro, sorgt aber dafür, dass man gleichmäßig gebogene Anschlüsse hat. Später legt man sich nämlich bei der Auswahl der Bauelement auf den Abstand der Anschlüsse fest.

Ich nehme ganz gerne für Kondensatoren und Widerstände SMD-Bauelemente in der Baugröße 1206 oder selten mal 0805. Diese kann man noch einigermaßen gut von Hand löten. Sie sind aber schön klein und man muss keine Löcher bohren. Transistoren und Dioden als SMD sind ebenfalls machbar. Bei den „Tausendfüßlern" kann es dann aber schon recht eng werden …

Schaltkreise im DIP-Gehäuse kann man sowohl mit Schaltkreisfassung oder auch ohne einbauen. Transistoren, LED u.ä. sollten nicht direkt auf der Platine aufsitzen, sondern einen kleinen Abstand haben. So kann die Wärme, die beim Löten entsteht, doch etwas vom Halbleiterkristall abgehalten werden.

1.3   Platzierung der Bauelemente

Wenn man sich für eine bestimmte Größe der Leiterplatte entschieden hat, platziert man die Bauelemente. Die Platzierung bestimmt schon, wie gut oder schlecht die Leiterführung werden wird. In KiCad zeigen sogenannte *Luftlinien* an, welcher Anschluss mit welchem anderen verbunden ist. So kann man die Bauelemente schon so drehen, dass wenige Überkreuzungen vorliegen.

Vorher muss man sich allerdings Gedanken über Platzierungen machen, die bestimmte Orte verlangen. Das wären vor allem:

- Lage von Bedienelementen, die sich auf der Leiterplatte befinden.

- Bauelemente, die Wärme abgeben und Bauelemente, die wärmeempfindlich sind sollten räumlich getrennt sein.

- Schaltungsteile, die Störungen erzeugen (z.B. Schaltnetzteile) und empfindliche Schaltungsteile sollten so angeordnet werden, dass sie sich nicht beeinflussen.
  Man sollte auch die Masse im Auge behalten: Rückströme von stromintensiven oder schnall schaltenden Digitalteilen können empfindliche Teile (z.B. Vorverstärker) beeinflussen. Manchmal macht da eine Trennung in unterschiedliche Massen einen sinn. Diese sind dann sternförmig miteinander zu verbinden.

- Bei höheren Frequenzen müssen dann auch HF-Gesichtspunkte berücksichtigt werden.

Wenn sich mehrere gleiche Baugruppen in einem Gehäuse befinden (z.B. Gatter oder mehrere Operationsverstärker) kann es eventuell eine leichtere Verbindung ermöglichen, wenn gleichartige Anschlüsse (Pin-Swapping) oder die Baugruppen untereinander getauscht werden (Gate-Swapping). Wichtig: Immer dafür sorgen, dass später das Platinen-Layout und die Schaltung übereinstimmen. Änderungen nach Möglichkeit deshalb in der Schaltung vornehmen.

Die Bauelemente haben ja ein definiertes Anschlussraster. Dieses ist in Inches definiert. Bei DIP-Schaltkreisen sind es z.B. 2,54 mm (=1/10"). In diesem Raster müssen natürlich dann auch die Anschlüsse der Bauelemente liegen. Um mehr „Bewegungsfreiheit" zu haben, ist es sinnvoll, das Platzierungsraster so zu wählen, dass es ein ganzzahliger Teiler des Anschlussrasters ist.

1.4 Gestaltung der Leiterzüge

Ein wichtiges Merkmal der Leiter ist deren Breite. An der Höhe kann man nicht viel ändern. Die ist mit der Kupferdicke schon festgelegt und beträgt in der Regel 35 μm. Neben dem zur Verfügung stehenden Raum sollte beachtet werden:

- Die Strombelastbarkeit in Abhängigkeit der zulässigen Erwärmung.

- Der Widerstand des Leiters.

- Die induktive und kapazitive Beeinflussung mehrerer Leiter untereinander.

- Die technologisch minimal erzeugbare Leiterbreite (berücksichtigen: beim Ätzen wirkt die Ätzlösung nicht nur von oben nach unten, sondern auch seitwärts).

Abb. 1: Lötflächen

Die Breite von Signal- und Steuerleitungen ist meistens von untergeordneter Bedeutung. Die Ströme sind hier doch recht klein. Anders bei Stromversorgungsleitungen und Zuleitungen zu Leistungsstufen.

In der folgenden Tabelle (ich habe sie gekürzt aus [1] entnommen) sind wichtigeLeiterbreiten aufgeführt

Leiterbreite		Anwendung	max. Stromstärke
[mm]	[mil]		[A]
0,35	14	Standardbreite, Leiter passt zwischen zwei Anschlüssen im 2,54-mm-Raster	1,0
0,91	36	wenn genügend Platz ist	1,5
1,47	58		2,0
2,18	86	Stromversorgung	3,0
3,45	136	für Leistungsbauteile und große Kondensatoren	5

Tab. 1: Leiterbreiten

Wem die Maßeinheit `mil` nicht gebräuchlich ist: 1 mil = 1/1000 Inch = 0,0254 mm.

Ich verwende 0,35 mm und 0,5 mm für normale Leitungen und 1,0, 1,5 und 2,0 mm für Stromversorgung. Zu Minimierung der Kapazitäten sind möglichst schmale Leiterbreiten zu empfehlen.

Bei der Verlegung der Leiterzüge sollte die Leitungsführung möglichst kurz und gradlinig sein. Unnötig kleine Abstände sollte man vermeiden. Spitze Winkel sind zu vermeiden. Bei der Verlegung von Kabeln mag ja die rechtwinklige Verlegung gut aussehen, bei Leitern auf der Leiterplatte nicht. Es besteht immer die Gefahr von Reflexionen, Haarrissen oder Unterätzungen. Daher im Winkel von 45° abschrägen.

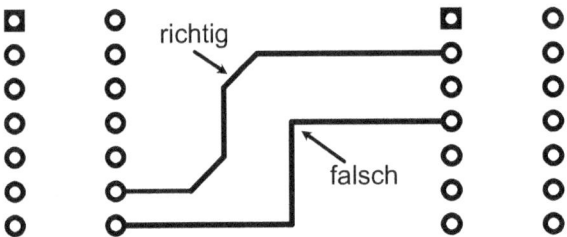

Abb. 2: Leiterführung

Bei den Lötstellen ist zu beachten, dass sie eindeutig definiert sind.

Falls eine Lötstelle sich auf einer größeren Fläche befindet (z.B. Masse), sind sogenannte Wärmefallen vorzusehen. Sie verhindern, dass die umliegenden Kupferflächen zu viel Wärme ableiten und damit das Löten erschweren. In vielen Fällen ist es auch sinnvoll, die freie Fläche als Kupferfläche vorzusehen und als Masse zu definieren.

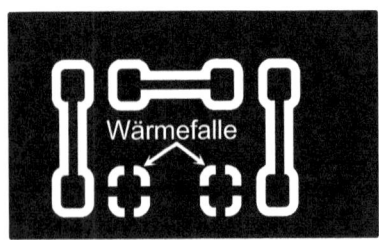

Abb. 3: Wärmefalle

Kapitel 2
Einrichtung KiCad

2   KiCad einrichten

2.1   Installation

KiCad ist unter https://www.kicad.org/download [2]zu finden, Es liegt für verschiedene Betriebssysteme vor:

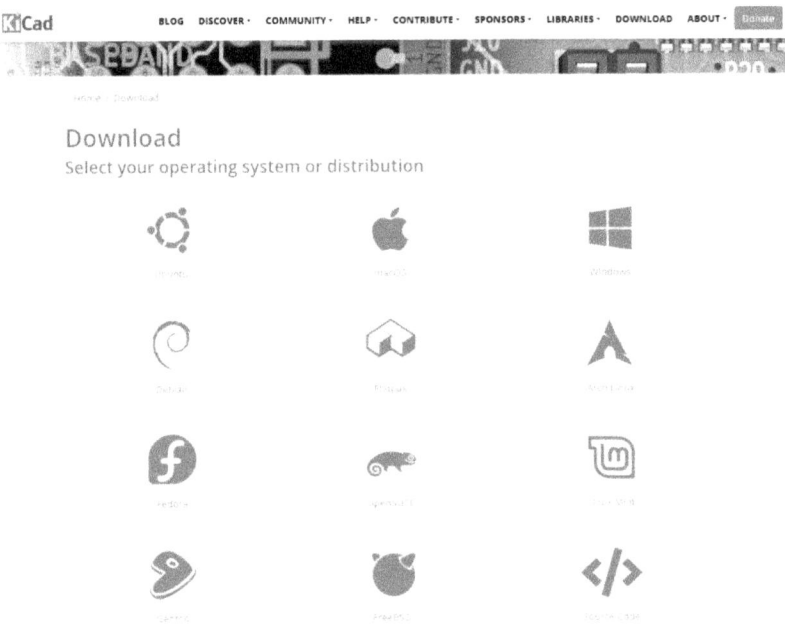

Abb. 4: Download von KiCad

Die Installation erfolgt wie gewohnt. In Abhängigkeit vom Betriebssystem werden an verschiedenen Orten Bibliotheken zu den Bauelementen, deren Footprints und Symbolen sowie Vorlagen installiert. Auf die genauen Orte gehe ich jetzt nicht ein, da in der praktischen Anwendung jetzt erst einmal der genaue Ort gar nicht so wichtig ist.

Nach der Installation kann das Programm gestartet werden. Wir beginnen mit dem Projektmanager. In ihm werden alle Dateien gemanagt, die zur Erstellung der Schaltung und dann auch der Platine benötigt werden. Es ist sinnvoll, für jedes Projekt einen eigenen Ordner anzulegen.

2.2   Der Projektmanager

Im Projektmanager kann ein neues Projekt angelegen, vorhandene Projekte geöffnet werden und Archivierungen vorgenommen werden. Das alles über die linke Seite des Fensters. Zu sehen ist, dass bereits eine Datei für die Schaltung und eine für die Platine angelegt wurde. Das Projektmanager-Fenster bleibt immer offen. Wenn es geschlossen wird, endet das Programm. Die eigentliche Projektdatei endet mit ***.kicad_pro**. Sobald die Schaltung oder Platine bearbeitet wird, wird auch gleich das Backup angelegt.

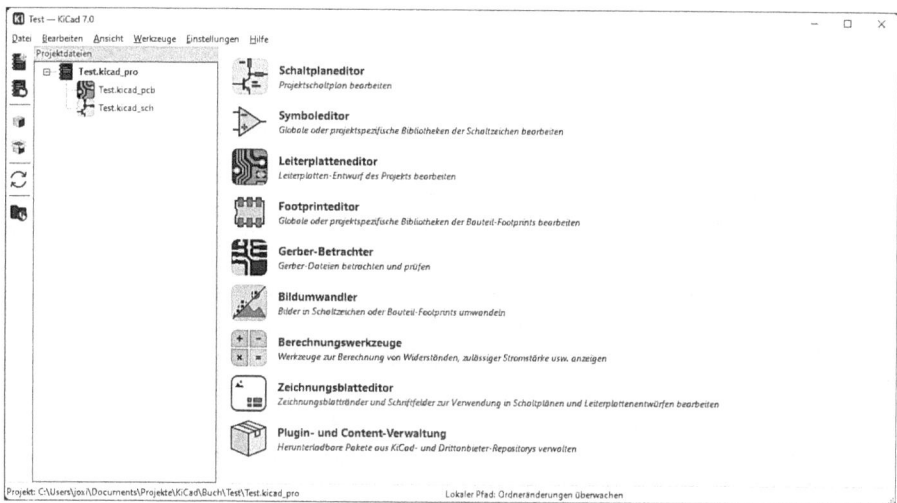

Abb. 5: Projektmanager

Auf der rechten Seite sind weitere Button zu sehen:

- Schaltplaneditor:
  Zur Bearbeitung des Schaltplanes. Bewirkt das Selbe, wenn ich auf die Datei *.kicad_sch doppelklicke

- Leiterplatteneditor:
  Zur Bearbeitung der Platine. Auch hier das Selbe wie Doppelklick auf *.kicad_pcb

- Symboleditor:
  Es werden die Symbole (Schaltbilder), die in den Bibliotheken gespeichert sind, aufgelistet. Sie können hier bearbeitet werden.

- Bildumwandler:
Hier kann man Bilder in Footprints umwandeln. Interessant, wenn Logos u.ä. eingefügt werden sollen

Abb. 6: Bildumwandler

- Berechnungswerkzeuge:
Dieses Fenster enthält interessante Werkzeuge, um Leiterbreiten, Abstände von Leitern, Dämpfungsglieder usw. zu berechnen

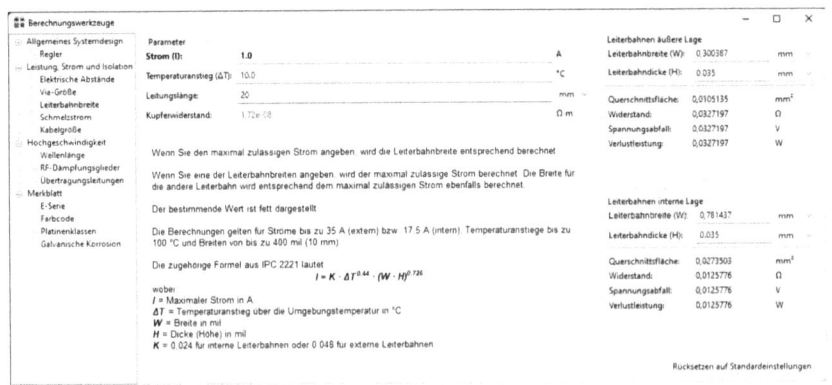

Abb. 7: Berechnungswerkzeug

- Zeichnungsblatteditor:
  Sowohl Schaltung als auch Platine werden in einem Zeichnungsblatt mit
  Beschriftungsfeldern gezeichnet. Mit diesem Editor kann das angepasst
  werden.

- Plugin- und Content-Verwaltung:
  Erweiterungen von Drittanbietern können installiert werden. Ich
  empfehle auf alle Fälle die Erweiterung Interactive Html Bom. Damit
  kann man Stücklisten erstellen und auf einer Leiterplatte auch gleich die
  Bauelemente angezeigt bekommen. Und das alles im Browser (es wird
  eine HTML-Datei erzeugt).

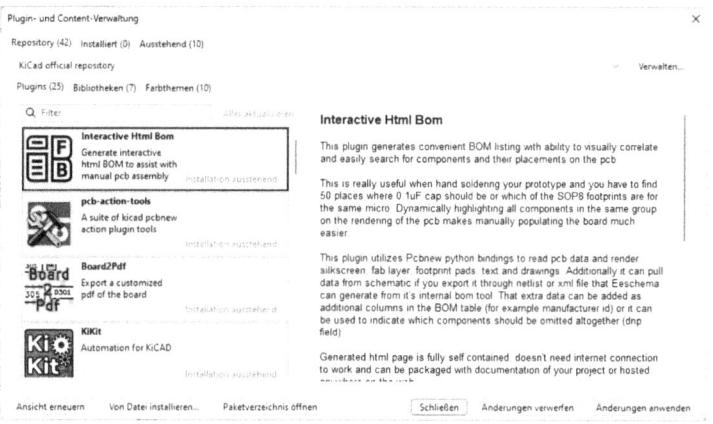

Abb. 8: Plugin- und Content-Verwaltung

- Footprinteditor:
  Analog zum Symboleditor – nur jetzt die Footprints der Bauelemente.

- Gerber-Betrachter:
  Wird später gebraucht, um die Gerber-Dateien, die man für
  Leiterplatten-(PCB-) Hersteller benötigt, anzusehen

2.3 Konfiguration

In den Einstellungen wird das Aussehen, die Erstellung von Sicherungskopien, das Verhalten der Maus und die Tastaturbefehle eingestellt. Ich denke, hier sind die Einstellungen selbsterklärend und müssen nicht näher erläutert werden. Wer die Version KiCad 6 benutzt hat, sieht, dass hier viel mehr Einstellmöglichkeiten vorhanden sind.

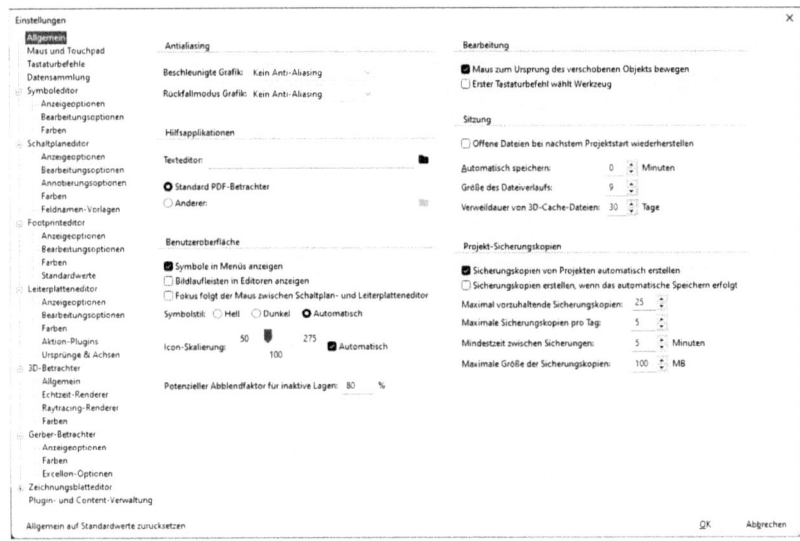

Abb. 9: Einstellungen

In der Einstellung Pfade konfigurieren werden die Orte definiert, an denen Modelle, Footprint-, Symbol- und Template-Bibliotheken liegen. Das betrifft sowohl die mit installierten Bibliotheken, wie auch eigene. Es können eigene hinzugefügt (+) oder bestehende auch gelöscht (Papierkorb) werden. Wenn man in den Pfad klickt, kann der Ort auch geändert werden. Ich denke, man wird aber die Orte einfach dort lassen, wo sie sind.

Unter *Einstellungen* werden die Symbol- und Footprint-Bibliotheken verwaltet.

Die Bibliotheken können sowohl global wie auch projektspezifisch verwaltet werden. An dieser Stelle kann man selbst erstellte Symbole und Footprints hinzufügen und verwalten. Die Standardeinstellung kann man beruhigt übernehmen. Das gleiche Fester taucht dann auch auf, wenn man die zweite Bibliothek aufruft.

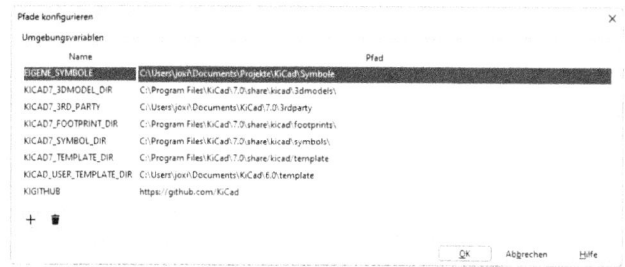

Abb. 10: Konfiguration Pfade

Abb. 11: Symbolbibliotheken

2.4   Template

Mit dem Menü Datei -> Neues Projekt aus einer Vorlage kann man bestehende Projektvorlagen öffnen.

Oft möchte man aber ein eigenes Template verwenden oder ein bestehendes für eigene Bedürfnisse umwandeln. Mit der Installation wird im Dokument-Verzeichnis ein Ordner KiCad angelegt. Dort gibt mehrere Ordner für eigene Dateien. Der Ordner *template* wäre ein guter Platz für eigene Templates.

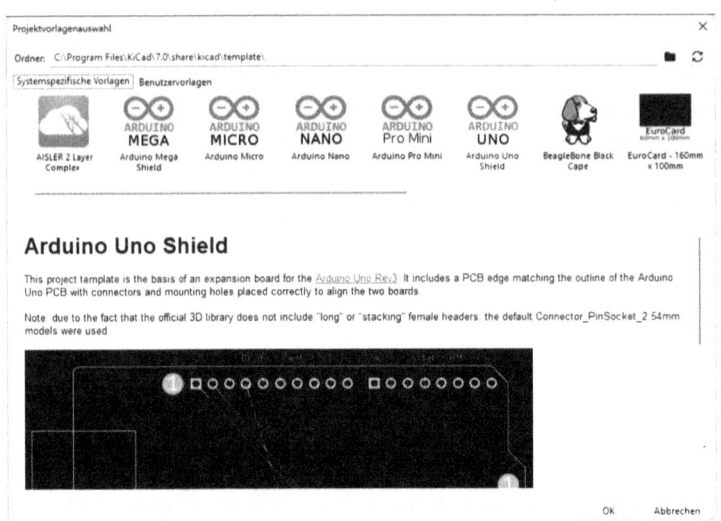

Abb. 12: Templates

Um ein eigenes Template anzulegen, erstellt man erst einmal ein neues Projekt. (siehe nächstes Kapitel). Dort passt man die Schaltung und das Platinenlayout entsprechend seinen Wünschen an. Das Projekt wird in den eigenen Templateordner abgelegt. In diesen Projektordner legt legt man einen weiteren Ordner mit der Bezeichnung **meta**. In diesem Ordner muss sich eine Datei **info.html** befinden. In dieser muss mindestens stehen:

```
<!DOCTYPE html>
<html>
    <head>
        <title>Titel des Templates</title>
    </head>
    <body>
        <h1>Überschrift</h1>
        <p>Beschreibung</p>
    </body>
</html>
```

Weiterhin sollte ein kleines Icon im Formalt 72 px * 72 px mit der Bezeichnung **icon.png** im Ordner sein (das wird oben angezeigt). Unter *Benutzervorlagen* wählt man dann den Ordner und das darin enthaltene eigene Template aus.

Kapitel 3
Schaltplaneditor

3   Die Schaltung

3.1   Oberfläche des Schaltplaneditors

Wenn man ein neues Projekt anlegt (oder ein neues aus einem Template), hat man zuerst zwei Dateien: eine mit der Endung *.kicad_sch und eine mit *.kicad_pcb. Aus dem Icon kann man schon sehen, dass es einmal die Schaltung und zum anderen die Platine ist.

Sehen wir uns hier erst einmal die Schaltung an.

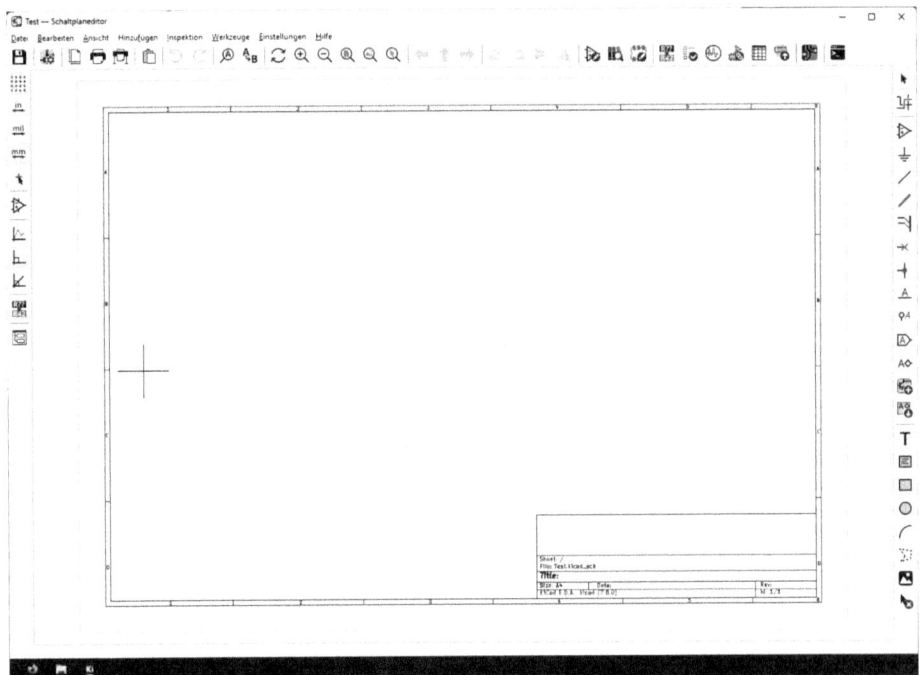

Oberfläche des Schaltplanes

Es sind drei Leisten mit Icon vorhanden. Wenn man mit der Maus über die Icons fährt, öffnet sich eine Erklärung. Deshalb möchte ich nicht alle Erklärungen nochmals aufschreiben. Sie sind in der Regel eindeutig zu verstehen.

Die linke Leiste ermöglicht die Einstellung von Maßeinheiten, dem Raster und die Einblendung verborgener Pins. Letzteres Icon gestattet die Anzeige von

Pins, die eigentlich für die Funktion nicht wesentlich sind (z.B. Betriebsspannung und Masse). Wenn z.B. vier Gatter auf einem Schaltkreis (z.B. 7400) sind, haben sie eine gemeinsame Stromversorgung. Dort liegen Vcc auf Pin 14 und GND auf Pin 7. Für die Platine wird GND automatisch mit der Masse und Vcc mit der Spannung Vcc verbunden. Man muss es nicht extra angeben. Es muss nur ein GND und Vcc vorhanden sein. Dazu später. Weiterhin kann eingestellt werden, wie die Verbindungslinien verlaufen sollen (rechtwinklig, im Winkel von 45°, beliebig). Neu ist in Version 7 das Icon. Es stellt den Referenzbezeichner dar: die Nummerierung von Bauteilbezeichnungen. Wenn das Icon aktiviert wird, wird kein Fragezeichen hinter dem Kennbuchstabe gesetzt, sonder gleich eine fortlaufende Nummer. Wer das nicht möchte, aktiviert nicht und erstellt die Referenzbezeichnung am Schluss durch das gleiche Icon in der oberen Leiste.

Die obere Leiste enthält erst einmal das, was man schon immer kennt: speichern, drucken, zurück, vorwärts. Das dritte Icon von links betrifft das Formblatt.

Zeichnungsblatt

Links oben kann ich unter vorgefertigten Blättern das auswählen, das zum Projekt passt. Wenn ich ein eigenes benötige, kann ich es auch mit dem Zeichnungsblatteditor (s. S. 17) erstellen. Das eigene Zeichnungsblatt kann ich in meinem Ordnersystem ablegen und später immer wieder über Datei (oben im Fenster) aufrufen. Die restlichen Zeilen dürften ja selbsterklärend sein.

Die Icons oben ganz rechts dienen der Organisation und dem Zusammenspiel mit dem Platineneditor. Ich kann Schaltplansymbole und Footprints suchen, erstellen, bearbeiten oder auch löschen. Weiterhin werden den Bauelementen

Referenzwerte (d.h. sie werden durchnummeriert) zugewiesen und dann wird den einzelnen Bauelementen das entsprechende Footprint zugeordnet. Letzteres ist wichtig, da viele Bauelemente völlig unterschiedliche Bauformen haben können. Der sogenannte Electrical Rule Check (ERC) dient der Überprüfung, ob alle Bauelemente richtig miteinander verbunden sind. Mit BOM kann man eine Bauelementeliste erstellen. Aber das machen wir lieber mit einem Plugin beim Platineneditor. Mit dem Icon des Platineneditors öffnet sich dieser. Wir können immer zwischen beiden Ansichten hin- und herschalten. Neu ist der *SPICE Simulator*. Ich gehe davon aus, dass hier erst der Anfang gemacht wurde. Genutzt wird dabei *Ngspice*. In der Originaldokumentation steht noch nicht zu viel und es wird auf die Website mit der Dokumentation verwiesen [3]. Ich gehe hier nicht weiter darauf ein.

Die rechte Seite beheimatet die Bearbeitungswerkzeuge für den Schaltplan. Wichtig sind dabei die Werkzeuge zum markieren, hinzufügen von Bauelementen, Verbindungen und Bussen sowie Bezeichnern. Ich denke, dass zumindest anfangs nicht mit hierarchischen Schaltplänen gearbeitet wird. Deshalb ignorieren wir die Icons einfach mal.

3.2   Schaltplan einrichten

Das Icon hierzu ist 🖼️ (rechts neben dem Icon zum Speichern). Im sich öffnenden Fenster können die Grundeinstellungen vorgenommen werden.

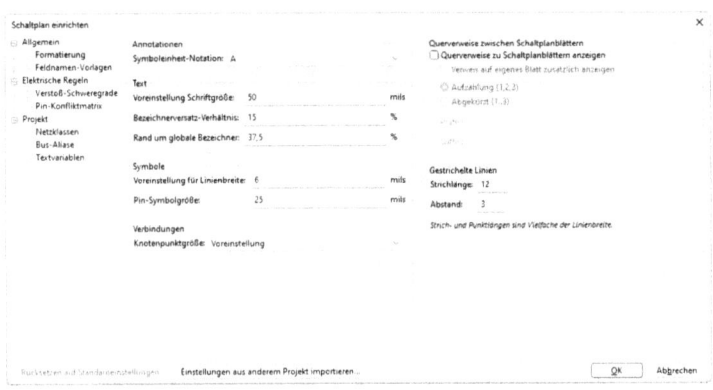

Abb. 13: Voreinstellungen Schaltplan

Hier wird man wohl meistens die Grundeinstellungen so belassen. Bei der Symboleinheit-Notation kann man Referenzkennzeichen verwenden. Bei den Elektrischen Regeln ist eine Veränderung der Warnmeldungen für ERC möglich. Hier wird man meist auch nichts ändern. Aber es kann sinnvoll sein, sich einfach die Einstellungen anzusehen.

Unter Netzklassen können verschiedene Linienbreiten und -arten vordefiniert werden. Auch hier kann man es meistens bei Default belassen.

3.3   Zeichnen des Schaltplanes

Zum Zeichnen der Bauelemente klicken wir auf das OPV-Symbol rechts außen ▷ oder geben einfach den Buchstaben A ein. Es öffnet sich ein Fenster zur Auswahl von Symbolen. Es werden die Symbole aus der Symbolbibliothek gelesen. Da es recht viele sind, dauert es eine Weile. Über die Suchfunktion kann ich Bauelemente suchen.

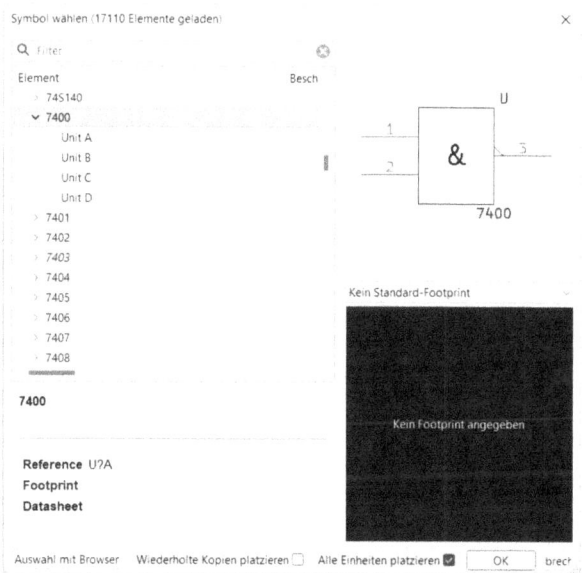

Abb. 14: Auswahl des Schaltzeichens

Teilweise sind sie schon mit der Typenbezeichnung vorhanden. In der Regel wird man aber nach der Art suchen (z.B. npn oder Resistor). Auch wenn man die Benutzeroberfläche auf Deutsch gestellt hat, muss man hier mit den englischen Begriffen suchen. Oft auch mit mehreren verschiedenen Begriffen. Für viele Bauelemente sind Schaltzeichen sowohl nach US- als auch EU-Norm vorhanden. Falls man absolut nichts findet, oder das Schaltzeichnen nicht nach der gewünschten Norm ist, kann man ja mit dem Symboleditor Schaltzeichen ändern oder neu anlegen.

Eine einfache Änderung kann man vornehmen, indem die Eigenschaften des Bauelements aufgerufen werden (Taste E).

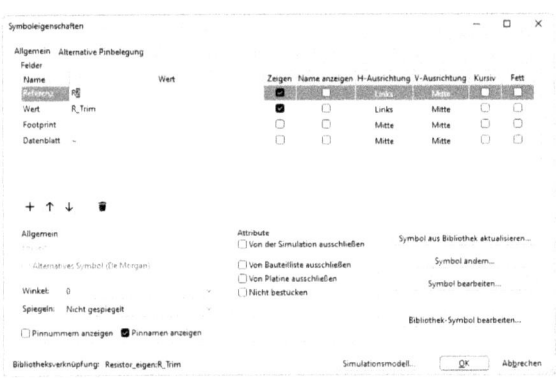

Abb. 15: Symbol für Schaltung ändern

Durch die Schaltfläche *Symbol bearbeiten* öffnet sich der *Symboleditor*. Die Änderungen beziehen sich allerdings nur auf die aktuelle Schaltung. Wenn man generelle Änderungen vornehmen möchte, muss der Symboleditor direkt aufgerufen werden (obere Icon-Leiste). Da die Symbole der mitgelieferten Bibliotheken schreibgeschützt sind, muss eine eigene Symbolbibliothek beim Speichern angelegt werden. Hier bietet sich der Ordner *symbols* im KiCad-Ordner, der auch die Template enthält, an. Nicht vergessen: unter *Symbolbibliotheken verwalten* die eigene Bibliothek auch eintragen. Die Bauteile kann man auch:

- Von der Bauteilliste ausschließen
  Die Bauteile erscheinen dann nicht in der Stückliste

- Von Platine ausschließen
  Das Symbol erscheint in der Schaltung, aber nicht auf der Leiterplatte

- Nicht bestücken
  Der Footprint wird auf der Platine dargestellt, das Bauelement in der Schaltung aber rot durchgestrichen und hellgrau dargestellt

Wenn man Symbole nur in der Schaltung angeben möchte, sie aber nicht auf der Leiterplatte haben will (z. B. um Adapter darzustellen), macht es Sinn, die beiden letzten Attribute anzukreuzen.

Es kann sinnvoll sein, dass man sich die Bezeichnung von öfter benutzten Symbolen, die man nach langer Suche endlich gefunden hat, notiert. Man spart dann später Suchzeit. Bereits verwendete Symbole tauchen ganz oben in der Liste auf. Mit jedem Klick öffnet sich wieder das Symbol-Fenster (erkennbar am Icon mit dem OPV). Wenn man keine Symbole mehr einfügen möchte, klickt man auf den Pfeil ganz rechts oder drückt einfach die Taste ESC. Ein Rechtsklick auf das Bauelement öffnet ein Fenster, mit dem ich die Lage und Eigenschaften bearbeiten kann. Wichtig sind vor allem die Tasten:

- M   Verschieben
- R   Drehen
- X   horizontal spiegeln
- E   Eigenschaften

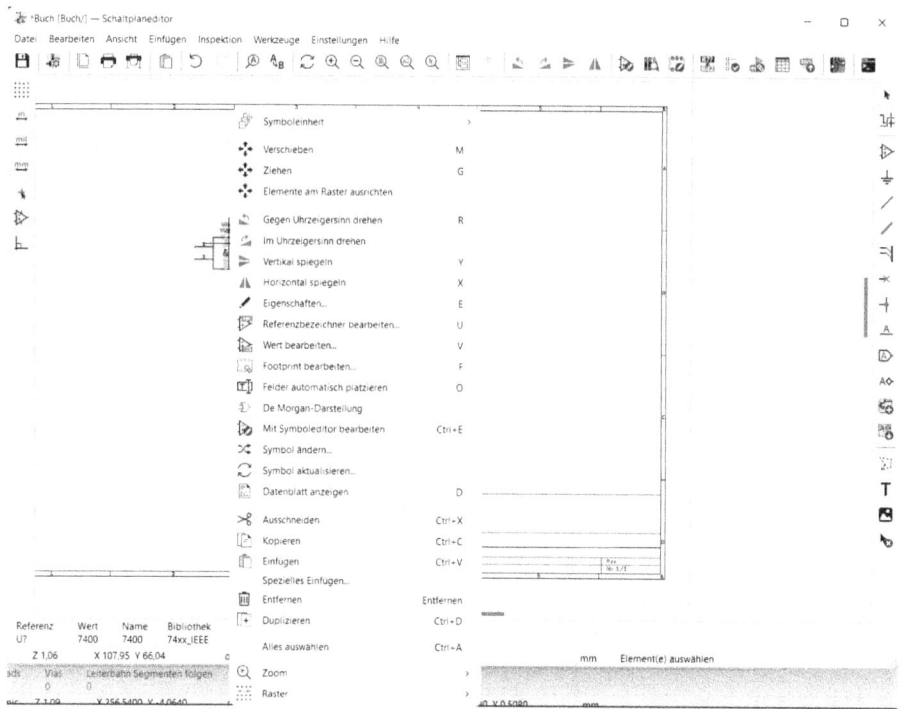

Abb. 16: Bearbeitung des Symbols mit der rechten Maus-Taste

Vor allem die Eigenschaften (E) zeigt alles an, was man ändern möchte. Wichtig ist, dass man mit dem Cursor sich über dem Symbol befindet. Wenn wir die automatische Nummerierung ausgeschaltet hatten, erscheint hinter dem Kennbuchstaben des Bauelements ein Fragezeichen. Das wird später durch eine fortlaufende Nummer durch das Programm ersetzt.

Unter Value wird der Wert des Bauteils bzw. deren Bezeichnung eingetragen. Es steht erst einmal die Bezeichnung aus der Symbolliste in diesem Feld. Hier ist es 7400, bei einem Widerstand könnte es z.B. R_Small heißen. Dann schreibt man einfach den Wert hinein, den das Bauelement haben soll.

Für einige Symbole ist schon der Footprint und eventuell auch der Link zum Datenblatt eingetragen. Das spart nachher die Auswahl des Footprints. Falls nichts eingetragen ist, könnte man es hier schon auswählen. Wir verschieben das aber auf einen späteren Zeitpunkt.

Unter Einheit sehen wir im Beispiel den Buchstaben A. Bei unserem Beispiel-Bauelement sind in einem Gehäuse vier Gatter. Die werden durchnummeriert mit A, B, C und D. Und das hier ist eben das erste Gatter. Wenn man den Buchstaben ändert, ändert sich auch die Nummerierung der Anschlüsse.

Zur Klassifizierung werden Kennbuchstaben verwendet. Leider entspricht diese Klassifizierung nicht der DIN EN 81346-2. Im Gegensatz zur alten und zurückgezogenen DIN 40719-2 von 1978 beschreibt die DIN EN 81346-2 die Kennbuchstaben nach der Funktion statt der Art der Bauteile. Wer normgerecht beschriften möchte, kann den Buchstaben entweder hier oder auch in der Symbolbibliothek ändern.

In der Tabelle 2 habe ich die Angaben aufgeführt, die für uns interessant sind. In der Norm sind auch Aufgaben enthalten, die für mechanische Objekte gelten.

Drehen und Verschieben funktioniert nicht nur für das Symbol, sondern auch für die Referenz und den Value. Man muss nur den Cursor über das entsprechende Element bewegen.

Wenn man die Symbole, die man haben möchte, auf der Zeichenfläche platziert hat, wählt man das Werkzeug ab, indem man ESC drückt oder auf den Pfeil rechts klickt. Falls man ein Symbol duplizieren möchte: rechte Maustaste auf das Symbol klicken und dann Duplizieren auswählen.

Kenn-buch-stabe	Zweck oder Aufgabe	Beispiel
A	Zwei oder mehr Zwecke oder Aufgaben	Baugruppe
B	Umwandlung einer Eingangsvariable in ein zur Weiterverarbeitung bestimmtes Signal	Sensor, Fotozelle, Mikrofon, Spannungswandler, Messwandler, Überlastrelais
C	Speicherung von Energie oder Information	Kondensator, Spule, Batterie, RAM, EPROM
E	Lieferung von Strahlung oder thermischer Energie	Glühlampe, UV-Strahler
F	Direkter (selbsttätiger) Schutz eines Energie- oder Signalflusses	Sicherung, Fehlerstrom-Schutz-schalter
G	Initiieren eines Energieflusses; Erzeugen von Signalen, die als Informationsquelle oder Referenzquelle dienen	Generator, Solarzelle, Signalgenerator, Pumpe, Gebläse
K	Verarbeitung von Signalen oder Informationen	Relais, Transistor, Binärelemente, Regler, Ein-/Ausgangsbaugruppen, Optokoppler
M	Bereitstellen von mechanischer Energie zu Antriebszwecken	Elektromotor, Elektromagnet
P	Darstellung von Informationen	Meldelampe, Multifunktions-messgerät, Display, Hupe
Q	Kontrolliertes Schalten oder Variieren eines Energie- oder Signalflusses	Leistungsschalter, Schütz, Thyristor, Erder
R	Begrenzung oder Stabilisierung von Fluss von Energie oder Material	Widerstand, Drossel, Diode, Filter
S	Umwandlung einer manuellen Betätigung in ein zur Weiterverarbeitung bestimmtes Signal	Schalter, Tastatur, Taster
T	Umwandlung von Energie oder Signalen unter Beibehaltung der Energieart bzw. des Informationsinhaltes	Transformator, DC/DC-Wandler, Frequenz-wandler, Gleichrichter, Verstärker, Antenne
U	Halten von Objekten in definierter Lage	Montageplatte, Baugruppenträger, Leiterplatte
W	Leiten oder Führen von Energie oder Signalen	Datenbus, Steuerkabel, Messkabel, Lichtwellenleiter
X	Verbinden von Objekten	Klemme, Steckdose, Steckverbinder, Anschlusselement, Signalverteiler

Tab. 2: Kennbuchstaben nach DIN EN 81346-2

Für das Verschieben habe ich zwei Möglichkeiten:

• Auswahl mit Taste M
Hier wird das Symbol ausgewählt und nur das Symbol kann verschoben werden.

- Symbol mit Maus auswählen und Maustaste gedrückt halten
  Es werden das Symbol und die mit ihm verbundenen elektrischen
  Verbindungen verschoben.

Die Herstellung der elektrischen Verbindung (Leiterzüge) erfolgt mit dem
Werkzeug *Eine elektrische Verbindung hinzufügen (W)* ╱ bzw. *Einen Bus hinzu-
fügen (B)* ╱. Die einzelnen Leiter im Bus werden mit *Eine elektrische
Verbindung an einen Bus führen (Z)* ╲.

An den Symbolen sind kleine Kreise an den Anschlüssen. Das sind die Punkte,
an denen die Leiter andocken. Hier fügen wir die Verbindung an. Die An-
schlusspunkte müssen miteinander verbunden werden. Für bestimmte
Anwendungen kann es sich als notwendig erweisen, eine Leitung offen zu lassen. Dann wird einfach zweimal geklickt und das offene Ende ist mit einem
kleinen Quadrat gekennzeichnet.

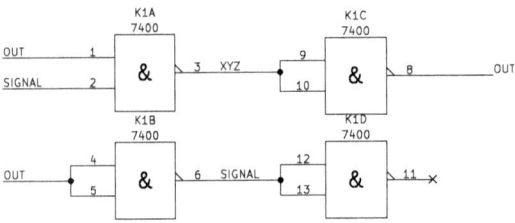

Abb. 17: Verbindungen zwischen den Bauteilen

Es ist darauf zu achten, dass die Symbole auch auf dem Raster liegen. Sonst
„dockt" die Verbindungslinie nicht an. Wie in der Abb. 19 zu sehen ist, habe
ich *Netzbezeichner (Label) [L]* hinzugefügt (OUT und SIGNAL). Diese sind sinnvoll, wenn Verbindungen über größere Entfernungen und zu mehreren Stellen
der Schaltung hergestellt werden sollen. Netze mit der selben Bezeichnung
sind immer miteinander verbunden. Im Beispiel sind die Pins 2, 6, 12 und 13
sowie 1, 4, 5 und 8 miteinander verbunden, auch wenn die Verbindungen
selbst nicht gezeichnet sind. Das Icon des *Netzbezeichners* A wird einfach an-
geklickt (oder ein L eingegeben). Im sich öffnenden Fenster wird die
Bezeichnung des Netzes eingetragen. Nach OK hängt die Netzbezeichnung
am Cursor. Das kleine Quadrat wird dann einfach auf eine Verbindungslinie
oder das offene Ende der Verbindungslinie geklickt und die Verbindung hat
jetzt die Netzbezeichnung. So kann man schön übersichtliche Schaltpläne erstellen. Wenn man Verweise zwischen einzelnen Blättern herstellen möchte,
verwenden wir *Einen globalenBezeichner hinzufügen (Ctrl + L)* ◁.

Wenn die Betriebsspannungssymbole versteckt sind, können sie mit ⍔ von der linken Icon-Leiste sichtbar gemacht werden. Diese aber jetzt nicht „verdrahten", sondern in der Betriebsspannung ein äquivalentes Symbol (z. B. VCC oder VSS) verwenden. Bei einigen Bauelementen, bei denen es mehrere gleichartige (wie Gatter oder OPV) in einem Gehäuse gibt, ist teilweise als zusätzliches Element die Stromversorgung vorhanden. Hier muss einfach aufgepasst werden.

Am Pin 11 ist ein kleines Kreuz zu sehen. Das ist die „Keine Verbindung"-Markierung [Q] . Jeder Anschluss eines Bauelementes muss mit einem anderen verbunden sein. Wenn es Anschlüsse gibt, die nicht verwendet werden (also „in der Luft hängen"), was bei Schaltkreisen oft vorkommt, müssen sie so gekennzeichnet werden. Andernfalls bekommt man beim ERC-Check eine Fehlermeldung.

Die elektrischen Verbindungen haben wir jetzt gelegt. Widmen wir uns jetzt mechanischen Teilen. Das sind Bohrungen, die zur Befestigung von Bauteilen oder Baugruppen benötigt werden oder kleine Kühlkörper, die befestigt werden sollen und natürlich auch Platz einnehmen. Dazu gibt es unter den Symbolen den Punkt *Mechanical*.

Wenn die Schaltung fertig gezeichnet ist, müssen die Referenzen und Footprints zugeordnet werden und es wird überprüft, ob sich keine systematischen Fehler eingeschlichen haben. Denkfehler im Schaltungsentwurf können leider nicht gefunden werden.

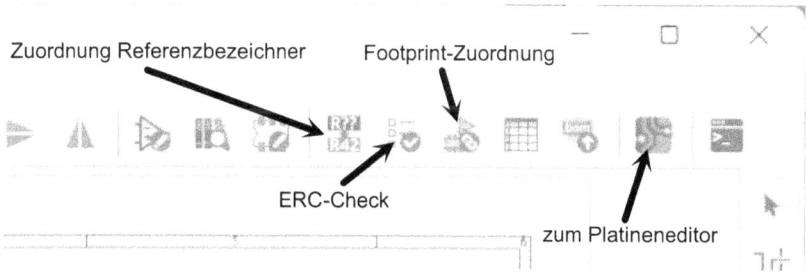

Abb. 18: Die zum Abschluss wichtigen Symbole

Für die weitere Erläuterung nehmen wir jetzt die nachfolgende Schaltung.

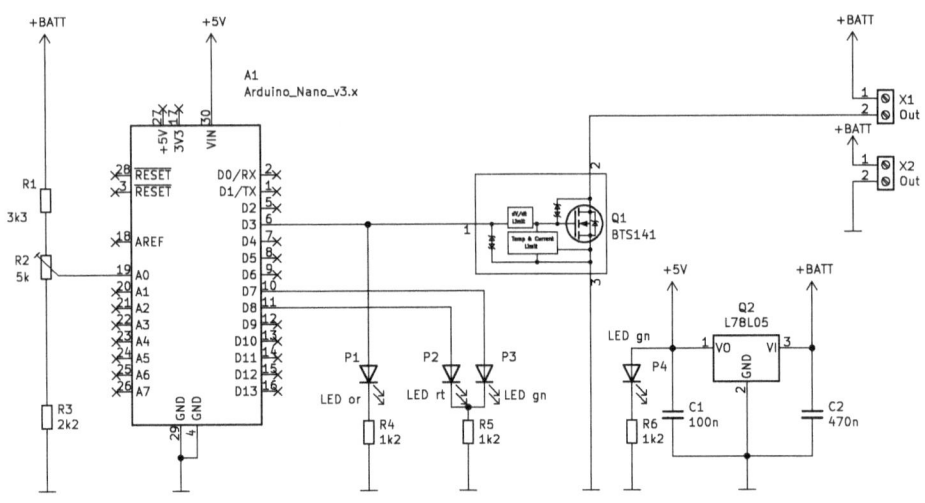

Abb. 19: Schaltungsbeispiel nach Zuweisung der Referenzbezeichner (Annotation)

Falls wir keine automatischen Referenzierung eingeschaltet haben und es sich noch Fragezeichen hinter den Kennbuchstaben befinden, Referenzieren wir durch das Icon Referenzbezeichner in der oberen Icon-Leiste.

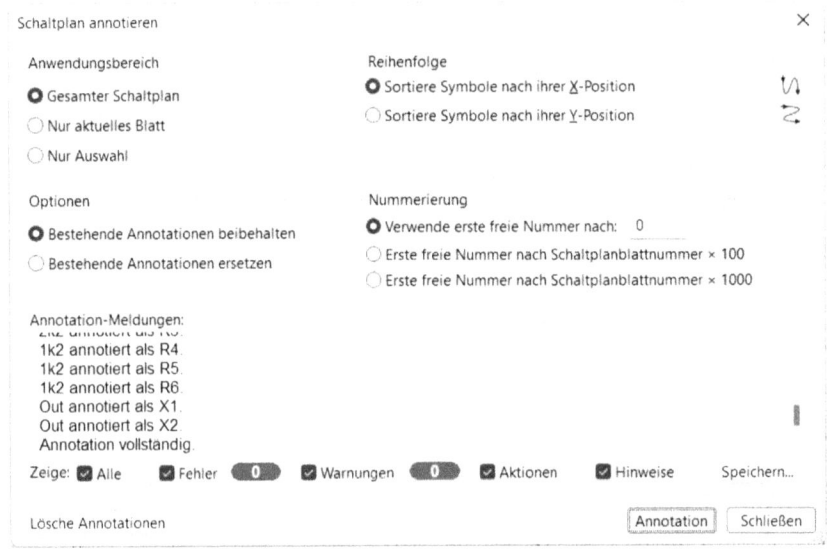

Abb. 20: Schaltplan annotieren

Alle Bauelemente sind jetzt durchnummeriert und ihnen muss noch jeweils ein Footprint ⬚ zugeordnet werden. Hier wird auch festgelegt, in welchem Anschlussraster z.B. bedrahtete Bauelemente eingesetzt werden. Man kann das aber später bei Bedarf noch ändern. Das sollte aber immer in der Schaltung passieren, damit Schaltung und Platine einander konsistent sind.

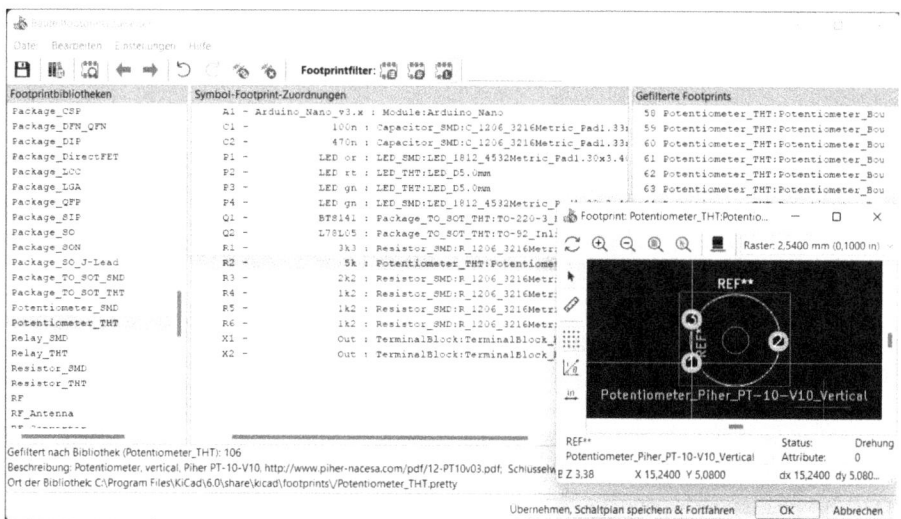

Abb. 21: Footprint-Zuweisung

Mit Klick der rechten Maus-Taste kann man sich den gewählten Footprint ansehen. Hier im Bild der Trimmer. Wenn man nicht die genaue Bezeichnung kennt, muss man eine Weile suchen, bis der richtigen Footprint gefunden ist.

Daher kann es schon sinnvoll sein, sich die Footprints zu notieren, die man öfter verwendet.

Wenn allen Bauelemente der entsprechende Footprint zugeordnet ist, sollte man den ERC-Check machen ⬚. Vorher aber nicht das Speichern der Footprints vergessen.

In unserem Beispiel werden jetzt zwei Fehler angezeigt. Q2 erwartet eine Eingangsspannung und eine Masse. Der Fehlerort wird auch durch Pfeile (Marker) angezeigt. Hier an Q2.

Abb. 22: Fehlermeldung beim ERC-Check

Wir wissen, dass +BATT die Spannungsquelle ist und X2 der Anschluss dazu. Eigentlich könnten wir es dann einfach ignorieren. Besser ist es aber, wenn wir die Fehlerquelle beseitigen und GND sowie +BATT als Power-Quelle markieren:

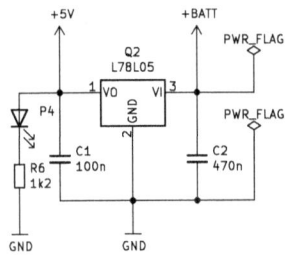

Abb. 23: Eingefügte Power-Flags

Ein erneuter Check dürfte jetzt keine Fehlermeldungen mehr anzeigen.

Welche Fehlermeldungen und Warnungen beim ERC-Check angezeigt werden, kann in den Einstellungen festlegen. Ich würde aber die Standardeinstellungen so belassen. In den einzelnen Symbolen sind immer festgelegt, was Eingänge, Ausgänge oder Stromversorgungsanschlüsse sind und welche Anschlüsse nicht überprüft werden sollen. Man könnte es in der Symbolbibliothek ja ändern. Bei selbst geänderten Symbolen für Bauelemente, die nicht in der Bibliothek vorhanden sind, macht das ja auch Sinn. Aber sonst sollte man den Fehler suchen und wie oben beheben.

Kapitel 4
Platineneditor

4 Platineneditor

4.1 Oberfläche

Über das Icon *Platineneditor* (siehe Abb. 20) kommt man zum Platineneditor. Es geht ein neues Fenster auf, das ebenfalls wieder ein Zeichenblatt hat (diesmal mit dunklem Hintergrund) und völlig andere Icons.

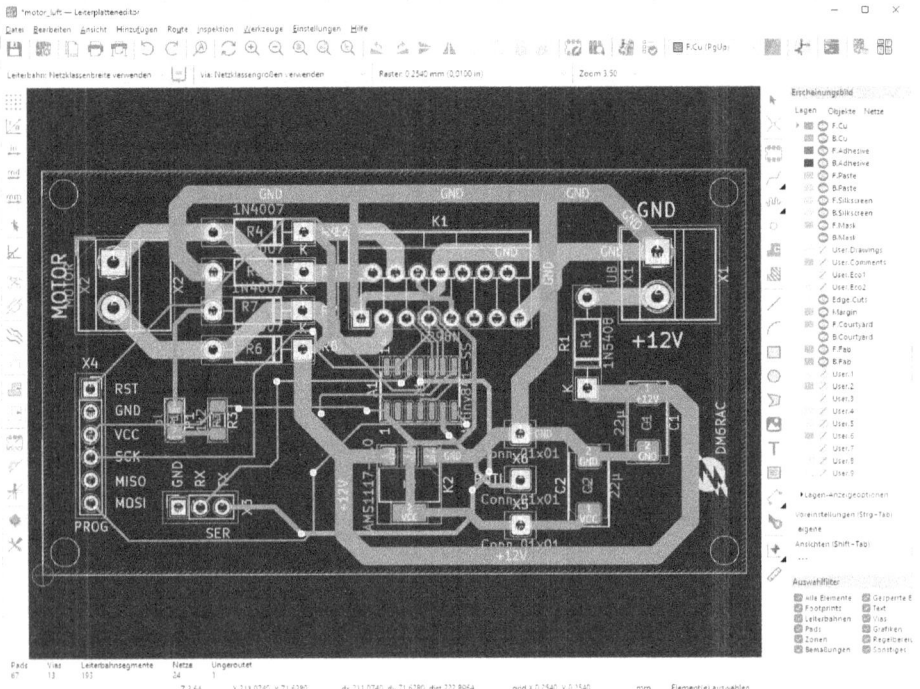

Abb. 24: Oberfläche des Platineneditors

Auf der linken Seite kann man verschiedene Einstellungen zur Ansicht einstellen:

- Maßeinheiten
- Raster
- Darstellung von Luftlinien, Leiterzügen, Pins, Flächen

Wie immer wird eine Beschreibung angezeigt, wenn man mit der Maus über das Icon fährt. Eigentlich ist alles selbsterklärend, weswegen ich auf weitere Erläuterungen verzichte.

Die obere Seite ist zweigeteilt. Ganz oben sind Icons. Neben den üblichen (speichern, drucken, Lupe) kann man mit dem Schloss Elemente fixieren. Interessanter sind aber die Icons danebe. Neben denen zur Bearbeitung von Footprints ist das Icon zur Übernahme von Änderungen des Schaltplanes wichtig. Wer mit KiCad der Version 5 (oder früher) gearbeitet hat, wird sich erinnern, dass jedesmal ein Netzplan aktualisiert werden musste. Das fällt jetzt weg. Es können die Änderungen in der Schaltung direkt übernommen werden.

Daneben ist das Icon zur Überprüfung der Designregeln (DRC). Hier wird überprüft, ob die festgelegten Abstände, Leitergrößen, Beschriftungen usw. eingehalten werden. Fehler werden ähnlich dem ERC-Check mit Pfeilen und Text angezeigt.

Der Scrollbalken daneben zeigt die derzeit aktive Ebene an. Auf die Ebenen komme ich gleich zu sprechen. Das folgende Icon legt Vorder- und Rückseite fest. Bei zweiseitigen Platinen ist dieses Icon eigentlich weniger wichtig. Man lässt einfach alles so, wie es ist.

Mit dem Icon, das einen Schaltplan darstellt, kommen wir wieder zum Schalt-planeditor. Wir können also einfach zwischen beiden hin- und herschalten. Dadurch können schnell Änderungen im Schaltplan oder zu den Footprint-Zu-ordnungen (z.B. Änderung der Rasterweite bei bedrahteten Bauelementen) durchgeführt werden. Aber danach immer wieder das Icon für *Änderungen am Schaltplan* drücken (oder F8).

Ich denke, dass, zumindest Anfangs, niemand mit Python-Skripten arbeiten wird. Deshalb überspringen wir das folgende Icon. Das letzte Icon haben wir ganz am Anfang mit der *Erweiterungs- und Inhaltsverwaltung* hinzugefügt. Wenn die Platine fertig entworfen ist, kann hier eine interaktive Stückliste er-stellt werden. Diese wird in einem Browser dargestellt. Wenn man über eine Bauelementebezeichnung mit der Maus fährt, wird angezeigt, wo sich das Bauelement auf der Platine befindet. Eigentlich recht praktisch.

Unter den Icons befinden sich Scrollbalken zur Einstellung von Leiterbreiten, Vias (das sind die Durchkontaktierungen) und dem Raster. Das Raster sollte ein ganzzahliger Teiler des Anschlussrasters der Bauelemente sein. Diesen nicht zu grob wählen! Wenn ich zwischen zwei Pins eines Schaltkreises noch einen Leiter hindurchführen möchte, muss der Raster schon recht fein sein.

Rechts ist das Menü wieder zweigeteilt. Einmal sind es verschiedene Icons zur Bearbeitung und daneben die Lagen, auf denen wir arbeiten. Die Icons stellen eine wesentliche Auswahl dar. Unter *Einfügen*, *Route* und *Inspektion* der oberen Werkzeugleiste kann man sich alle Optionen auswählen. Das, was an Icons rechts dargestellt wird, ist aber das, was man eigentlich ständig braucht. Bei den Icons, die rechts unten noch ein kleines Dreieck haben, kann man durch die rechte Maustaste weitere Optionen einstellen.

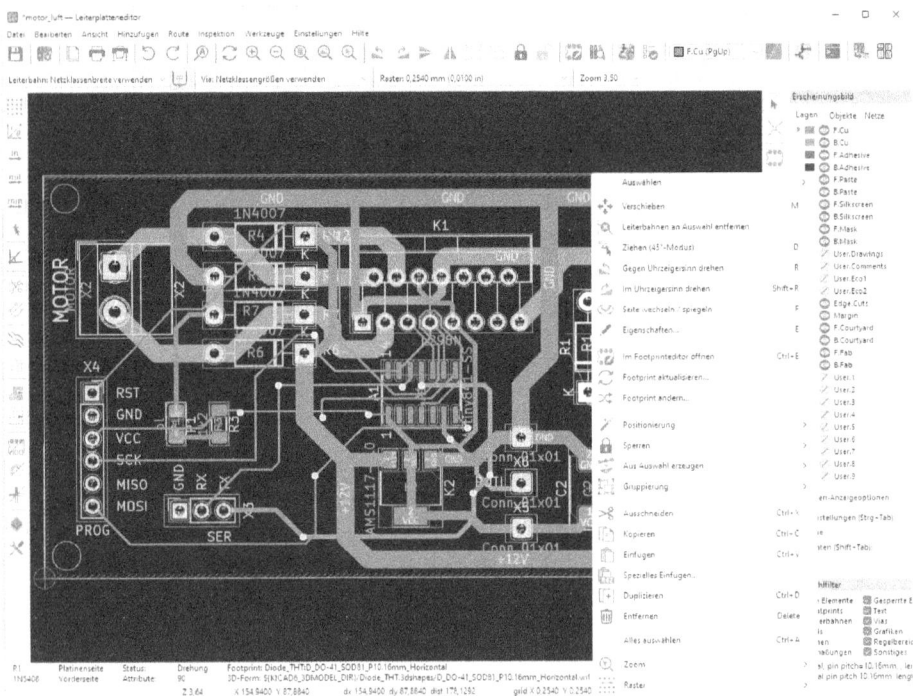

Abb. 25: Rechte Maustaste auf ein Element

Sehen wir uns die wichtigsten erst einmal an. Ganz oben ist wieder der Pfeil ↖ zur Auswahl von Elementen, den man mit ESC immer erreicht. Einzelne Elemente kann man auswählen. Sie werden dann heller. Mittels *M* können sie verschoben werden, mit *R* gedreht usw. Ähnlich der Symbole im Schaltplaneditor. Mit der rechten Maustaste werden alle Funktionen, einschließlich der Tastaturkürzel, angezeigt.

Wenn die Arbeitsfläche noch leer ist, was zu diesem Zeitpunkt wohl so ist, wird noch nicht viel angezeigt beim Drücken der rechen Maustaste. Das ändert sich aber, wenn Elemente platziert sind.

Das nächste interessante Icon ist *Footprint hinzufügen* . Mit den Bauelementen, die wir später aus dem Schaltplan übernehmen, werden ja die Footprints platziert. Aber über dieses Icon können wir später mit dem *Bildumwandler* erstellte Logos u.ä. übernehmen und auf die Platine bringen. Darauf komme ich noch einmal zurück.

Das hier mit das wichtigste Icon ist *Leiterbahnen verlegen* . Das rechte Dreieck unten ermöglicht es die Mode einzustellen, wie mit DRC-Verstößen umgegangen wird:

- Kollisionen hervorheben
  Hier wird angezeigt, wo es Kollisionen gibt. Ich kann den Leiterzug trotzdem dort hindurch führen.

- Schieben
  Bereits bestehende Leiterbahnen und Vias werden verschoben.

- Umgehen
  Beim Verlegen von Leiterbahnen wird versucht, einen Weg zu finden, den DRC-Verstoß zu umgehen. Das ist die Default-Einstellung und die sollte man auch so lassen.

Das Icon *Länge einer einzelnen Leiterbahn anpassen* ermöglicht es, definierte Leiterlängen zu erstellen. Wenn er zu kurz ist, wird er mit Wellenlinien verlängert. Für normale Elektronikschaltungen ist diese Funktion nicht so interessant. Anders, wenn man sich mit Mikrowellen beschäftigt (da findet man unter *Einfügen > Mikrowellenform hinzufügen* weitere Möglichkeiten).

Mit *Freistehende Vias hinzufügen* kann ein Via ohne Leiterbahnen hinzugefügt werden. Das kann genutzt werden, wenn man z.B. auf beiden Seiten große Masseflächen hat und diese miteinander verbinden möchte. Vias auf Leiterzügen erstellen wir anders (kommt noch, wenn wir uns mit den Routen beschäftigen).

Es kann sein, dass auf der Platine es Flächen geben soll, die frei von Vias, Pads und Leitern oder Kupferflächen sein sollen. Mit kann man Sperrflächen definieren. Das sollte in einem frühen Stadium des Platinenentwurfs erfolgen. Dann werden diese Flächen beim Routen mit berücksichtigt.

Mit Gefüllte Flächen hinzufügen können freie Flächen gefüllt werden. Im Dialog legt man fest, ob sie mit einem Netz (z.B. GND) verbunden werden sollen. *Mit Bearbeiten > Alle Flächen füllen* [B] wird die Flächen dann gefüllt. Mit dem Icons ganz links kann die Ansicht ein- und ausgeschaltet werden.

Die folgenden fünf Icons dienen dem Zeichnen von Linien und Körpern. Die brauchen wir für Beschriftungen und Umrandungen. Danach kommt das Werkzeug für Beschriftungen. Mit dem nächsten können Bemaßungen erfolgen und Orientierungspunkte gesetzt werden.

Das Löschwerkzeug kann man benutzen, um Elemente zu löschen. Das funktioniert aber auch, wenn man es auswählt und die Löschtaste drückt. Sinnvoll ist das Werkzeug, wenn man mehrere Elemente nacheinander entfernen möchte.

Den *Ursprungspunkt* ⌖ setzt man auf die linke untere Ecke des Platinenumrisses.

Rechts neben den Icons befindet sich das Feld *Erscheinungsbild*. Das, was wir hier vor allem brauchen, sind die Lagen. Wenn die Platine entwickelt wird, ist es für die Herstellung wesentlich, was in welchem Herstellungsschritt benötigt wird. Selbst wenn wir die Platine selbst herstellen, müssen wir wissen, was ist die Ober- und was die Unterseite. Es werden vom Schaltplan Informationen zu den Bauelementen übernommen (Bezeichnung, Werte, Umrisse usw.). Wenn ich die Folien für die Belichtung für mich erstelle, will ich natürlich nur die Leiterzüge darauf haben und nicht den Rest. Daher werden die einzelnen Informationen auf unterschiedliche Ebenen gelegt. Wer mit Design- oder Bildbearbeitungs-Programmen schon gearbeitet hat, kennt diese System bereits.

Die einzelnen Ebenen sind mit Farben gekennzeichnet und haben eine Bezeichnung. Zwischen beiden befindet sich ein „Auge". Wenn man darauf klickt, kann man die Anzeige an- oder abschalten. Vor vielen Bezeichnungen steht ein *F* bzw. ein *B*. Das *F* steht für Vorderseite, das *B* für Rückseite. Leiter, Bauelemente und Beschriftungen können bei zweiseitigen Leiterplatten ja auf beiden Seiten angebracht werden. Falls man mehr als zwei Lagen verwenden möchte, kommen für die Kupferlagen weitere Präfixe hinzu (z.B. in1, in2).

Die aktuelle Ebene wird durch ein kleines Dreieck davor angezeigt. Sie wird auch in der oberen Seite im Scrollbalken angezeigt. Ich kann sie dort anwählen oder ich klicke einfach auf die Ebene, die ich gerade bearbeiten möchte.

Damit auf der richtigen Ebene das Richtige gemacht wird, habe ich in der folgenden Tabelle einmal aufgeführt, welche Ebene was bedeutet.

Wenn wir die Platinen selbst belichten und ätzen, müssen wir nur die F.Cu und B.Cu ausdrucken. Das legen wir einfach im Druckmenü dann fest. Die anderen Ebenen brauchen wir, wenn wir die Gerber-Dateien für PCB-Dienstleiter erstellen. Darauf komme ich später zurück.

Die Reiter *Objekte* und *Netze* kann man nutzen, um gezielt einzelne Elemente ein- oder auszublenden.

Ebene	Bedeutung	Bemerkung
F.Cu	Kupferfläche oben bzw. unten	
B.Cu		
F.Adhesive	Kleber für SMD	wird meist nicht benötigt
B.Adhesive		
F.Paste	Fläche für Lötpaste	wird benötigt, wenn man eine Maske für die Lötpasten hat und dann SMD mit Heißluft lötet
B.Paste		
F.Silkscreen	Beschriftungsebene	wenn man möchte, dass später eigene Beschriftungen auf der Platine erscheinen sollen, schreibt man sie auf diese Ebene
B.Silkscreen		
F.Mask	Lötstoppmaske	Dienstleister drucken Lötstoppmasken, die nur die Lötflächen freilassen. Das verhindert Lötbrücken
B.Mask		
Edge.Cuts	Außenkante der Platine	Hier legen wir die Abmessungen der Platine fest. Bei vielen Dienstleistern muss diese nicht rechteckig sein, sondern kann auch andere Formen haben.
F.Courtyard	physischer Platz der Komponenten auf der PCB	wird durch eine rechteckige Umrandung dargestellt
B.Courtyard		
F.Fab	Fabrikationsebene	Wird hauptsächlich für Dokumentationen verwendet. Hier stehen noch einmal die Referenzbezeichnungen und Werte der Bauelemente. Diese werden aber nicht für einen Bestückungsaufdruck verwendet! Wenn man das möchte, muss man sie auf den Silkscreen verschieben.
B.Fab		
Margin	Randabstand	
User …	nutzen wir in der Regel nicht	

Tab. 3: Bedeutung der Ebenen

4.2   Konfiguration des Platineneditors

Zur Grundkonfiguration kommt man über *Datei > Platinenkonfiguration* oder das Icon in der oberen Icon-Leiste (zweites von links). Viele Werte kann man dabei einfach übernehmen. Folgende Änderungen empfehle ich aber für den Anfang:

Abb. 26: Konfiguration Lagen

Für die beiden Kupferlagen stellen wir *gemischt* ein. Bei mehr als zwei Lagen macht es Sinn, innere Lagen für Stromversorgung und Masse zu verwenden und die äußeren nur für Signale. Bei zwei Lagen werden auf den beiden Kupferlagen ja sowohl Signale wie auch Betriebsspannungen zu finden sein.

Man kann hier auch schon Ebenen, die man nicht benötigt, abwählen. Infrage kämen die Ebenen, die mit *User* beginnen. Die anderen sollte man einfach lassen. F.Fab und B.Fab brauchen wir später kaum, jetzt helfen sie uns aber, die richtigen Bauelemente zu finden.

Die folgenden Menüpunkte der Platinenkonfiguration sehen wir uns einfach erst einmal an. Hier wird kaum etwas zu ändern sein. Es sei denn, man hat ganz spezielle Platinenmaterialien oder andere Kupferstärken als normal.

Beim *Technischen Lagenaufbau* legen wir fest, wieviel Lagen wir verwenden. Zu sehen ist, dass einlagige Platinen gar nicht vorgesehen sind. Das ist aber kein Problem: es wird dann einfach nur auf der Ebene B.Cu geroutet. Als Platinenmaterial ist als Standard FR4 eingetragen. Dieses Material ist aus das meist verwendete. Man kann es aber auch ändern. Aber solange wir keine Berechnungen der Kapazitäten von Leiterzügen oder -flächen zwischen Ober- und

Unterseite durchführen, ist das Material eigentlich recht unwichtig. Die anderen folgenden Einstellungen lesen wir uns durch und lassen sie erst einmal so.

Bei der Einrichtung des Schaltplanes hatten wir bei *Netzklassen* es bei Default belassen. Hier belassen wir es auch auf diesem Wert.

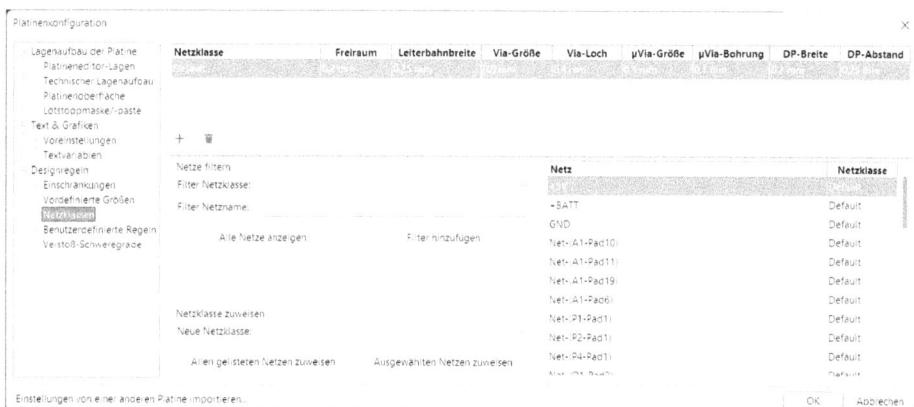

Abb. 27: Konfiguration Netzklassen

Wenn wir später bei den Leiterbreiten und Vias nichts anderes angeben, werden diese Werte genommen. Der Via-Loch-Durchmesser von 0,4 mm wird auch von Dienstleistern so gewählt. Man kann ihn ändern, wenn man z.B. bei selbst hergestellten Platinen Durchkontaktier-Nieten (von *Bungard* beispielsweise) verwenden möchte.

Abb. 28: Konfiguration Leiterbreiten

Bei *Vordefinierten Größen* machen wir aber Änderungen. Hier legen wir zumindest ein paar zusätzliche Leiterbreiten an. Die Default-Werte der Netzklassen bleiben dabei erhalten.

Welche Breiten wir hinzufügen hängt von der späteren Verwendung ab. Falls wir eine spezielle Breite nicht berücksichtigt haben sollten – kein Problem: später lässt sich alles ändern oder hinzufügen.

4.3   Routen

Beginnen wir mit der Entwicklung der Leiterplatte.

Auf dem leeren schwarzen Zeichnungsblatt legen wir zuerst die Abmessungen bzw. Umrisse der zukünftigen Platine fest. Dazu aktivieren wir auf die Ebene Edge.Cuts mit einem Mausklick. Mit dem Linien-, Rechteck- oder Polygon-Werkzeug (Kreis wird wohl weniger interessant sein) legen wir die äußeren Ränder fest. Es kann dann auch gleich der *Ursprungspunkt für die Bohrdateien* auf die linke untere Ecke gelegt werden.

Anschließend holen wir uns die Schaltplaneditor erzeugten Werte mit dem Icon *Änderungen am Schaltplan in die Platine übertragen [F8]*.

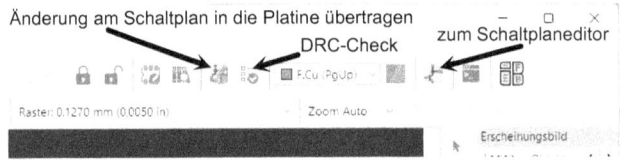

Abb. 29: Icons oben

Das sich öffnende Fenster erscheint jedesmal, wenn wir vom Schaltplan aktualisieren. Oben kann man festlegen, was mit den Änderungen passieren soll. Wir klicken auf *Platine aus Schaltplan aktualisieren*.

Wir können hier entscheiden, ob wir

- Footprints und Schaltungssymbole anhand der Referenzbezeichner neu verknüpfen
- Footprints entfernen, wenn ihnen kein Schaltungssymbol zugeordnet ist
- Footprints durch die im Schaltplan angegebenen ersetzen

Die letzten beiden sind meist sinnvoll.

Abb. 30: Aktualisierung vom Schaltplan

Am Cursor hängen jetzt alle Footprints. Wir legen alle Footprints erst einmal neben den Platinenumriss.

Footprints von SMD-Bauelementen liegen jetzt erst einmal auf der Oberseite (F.Cu) (zu erkennen an der roten Farbe – falls man nichts geändert hat). Beim Routen betrachten wir die Platine grundsätzlich von oben – egal, auf welcher Ebene wir gerade arbeiten.

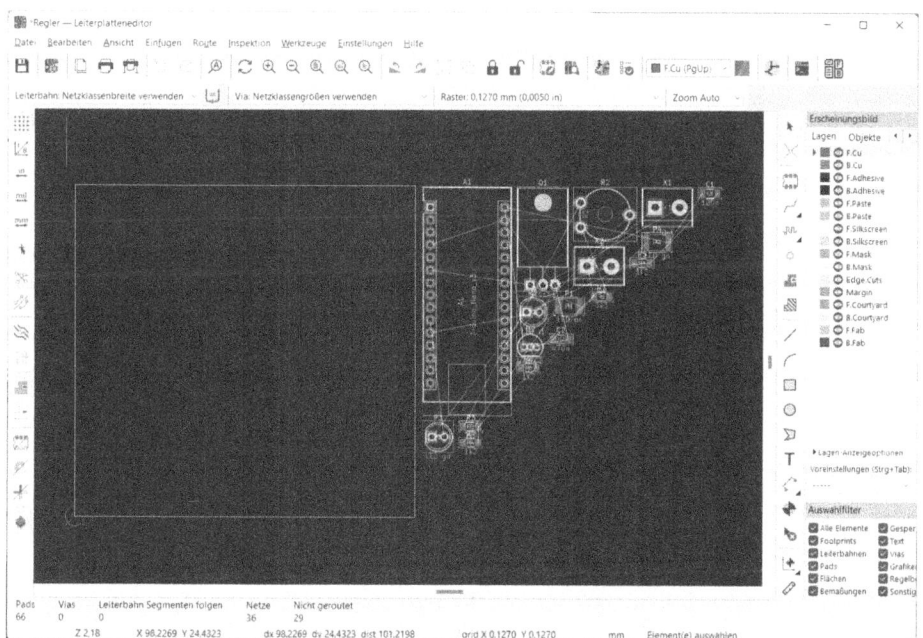

Abb. 31: Footprints und Luftlinien der Bauelemente neben dem Platinenumriss

Weiterhin sehen wir, dass alle Pins mit dünnen Linien entsprechend der Verbindungen im Schaltplan verbunden sind. Das sind die sogenannten „Luftlinien". Diese bleiben solange bestehen bis die Pins der Bauelemente durch Leiterbahnen real verbunden sind. Dadurch kann man sehen, ob irgendwelche Verbindungen noch fehlen. Die Luftlinien hängen an den Pins und bewegen sich mit, wenn wir die Bauelemente verschieben oder drehen.

Bevor wir mit der Platzierung beginnen, widmen wir uns erst einmal dem Raster. Die Einstellung dazu befindet sich direkt oberhalb der Arbeitsfläche. Wir wollen ja, dass sich Pins und Leiterzüge auch wirklich treffen und eventuell soll auch mal ein Leiterzug zwischen zwei Pins von IC's hindurchführen. Also schauen wir nach, bei welchem Bauelement der kleinste Abstand der Pins ist. Bei IC im DIP-Gehäuse sind es 2,54 mm, bei einem SMD-Widerstand 0805 (mit dem Lötkolben und Handlötung ist kleiner kaum zu machen, ich bevorzuge 1206 als Bauform) beträgt der Abstand zwischen zwei Lötflächen 0,8 mm. Um da einen Leiter durchzuführen, sollte das Raster 0,254 mm (=10 mil) oder weniger betragen. Zum Verschieben klickt man das Bauelement an. Es ist darauf zu achten, dass man auch das ganze Bauelement aktiviert und nicht nur einen Teil davon. Man erkennt es daran, dass es heller wird. Mit der Taste M und gedrückter Maustaste können wir jetzt die Bauelemente auf der Platine platzieren. Dabei sind unbedingt die im Kapitel 1 erläuterten Kriterien zu berücksichtigen.

Die Bauelemente sind so zu verschieben und drehen, dass so wenig wie möglich Kreuzungen der Luftlinien auftauchen. Kreuzungen können immer Probleme bereiten, da wir ja auf die Ebenen oben und unten festgelegt sind. Bei zweiseitigen Platinen kann man (über Vias) zur anderen Seite ausweichen. Bei einseitigen ist man gezwungen, notfalls Drahtbrücken einzusetzen.

Zur Vermeidung von Kreuzungen versuchen wir mit Pin- und Gateswap das Layout zu vereinfachen. Hierzu müssen wir aber wieder zum Schaltplaneditor wechseln. Das geht ganz einfach: oben in der Iconleisten haben wir das Icon vom Schaltplaneditor (s. Abb. 29). Einfach auf das Icon klicken und wir sind wieder beim Schaltplaneditor.

Der Gateswap wird gemacht, wenn es mehrere Bauelemente in einem Gehäuse gibt (z.B. beim 7400 sind es vier Gatter). Dazu auf das Gatter mit dem Cursor gehen und die Eigenschaften aufrufen (Taste E drücken).

Die einzelnen Gatter sind mit Buchstaben gekennzeichnet (z.B. K1A, K1B usw.). Wenn A mit B getauscht werden soll, wird bei K1A auf B geändert und bei K1B auf A. Die Gatter sind jetzt getauscht.

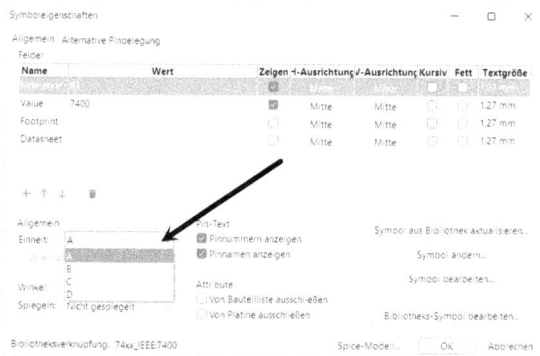

Abb. 32: Gate-Swapping

Pinswapping kann sich etwas komplizierter gestalten. Man kann versuchen, mit spiegeln die Pins zu tauschen.

Wie im Beispiel mit zwei Pins geht es problemlos. Falls es nicht so einfach geht, bleibt nichts weiter übrig, als Verbindungen zu löschen und neu zu verbinden.

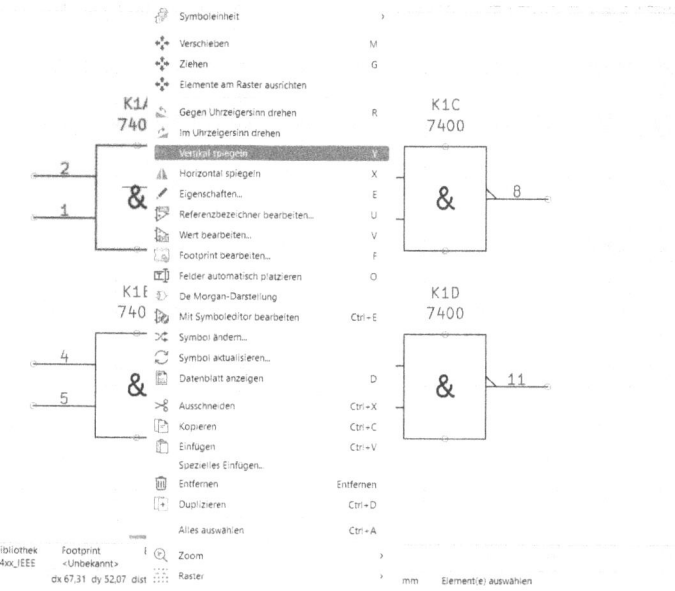

Abb. 33: Spiegeln der Pins

Die Schaltung ist somit geändert und wird gespeichert. Durch Klicken auf das Icon oben rechts kommen wir wieder zum Platineneditor. Bitte nicht auf der Ansicht mit den Projektdateien auf die Platine klicken. Sonst kann es passieren, dass wir mehrere Ansichten offen haben.

Die Schaltung ist somit geändert und wird gespeichert. Durch Klicken auf das Icon oben rechts kommen wir wieder zum Platineneditor. Bitte nicht auf der Ansicht mit den Projektdateien auf die Platine klicken. Sonst kann es passieren, dass wir mehrere Ansichten offen haben.

Im Platineneditor müssen wir die Änderungen übernehmen. Entweder wir drücken F8 oder mit der Maus das Icon *Änderungen am Schaltplan in die Platine übertragen* (oben links neben DRC-Check). Es kommt wieder die Abfrage (Abb. 30), die wir bestätigen.

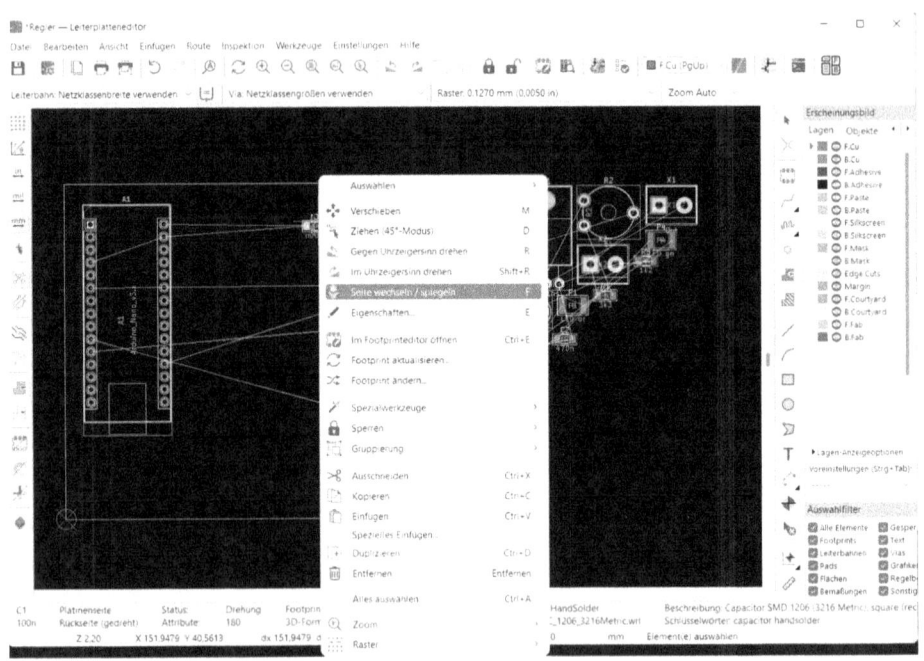

Abb. 34: Bauelemente auf die andere Seite bringen

Wenn wir Bauelemente neu hinzugefügt haben, tauchen sie an der Seite auf. Mit *Verschieben [M]* und *Rotieren [R]* schieben wir die Bauelemente so hin, wie wir es als zweckmäßig erachten. Immer darauf achten, dass auch wirklich das ganze Bauelement ausgewählt ist!

Besonders SMD-Bauelemente können auf beiden Seiten platziert werden. Standardmäßig werden sie auf der oberen Seite angezeigt. Wenn sie auf der unteren platziert werden sollen: rechte Maustaste und *Seite wechseln/Spiegeln* auswählen (oder Taste F).

Da sich das Bauteil jetzt auf der anderen Seite befindet, wir es in der Farbe von B.Cu dargestellt und die Beschriftung ist spiegelverkehrt. Ich finde, die früher übliche Bezeichnung von Bestückungs- und Leiterseite unpassend. Vor allem SMD-Bauelemente kann man, je nach Anforderung, oben und unten montieren.

Wenn die Bauelemente platziert sind, kann mit dem Routen begonnen werden. Ein Autorouting einzelner Leiterzüge kann durch das Markieren eines Pins und drücken von *Shift + F* erfolgen. Der Leiterzug wird so weit es geht erstellt. Bei Kreuzungen muss man dann über Vias die Ebene wechseln. Oft ist aber das manuelle Routing die bessere Alternative.

Als erstes markieren wir die Ebene, auf der wir mit dem Routen beginnen wollen. Es wird meistens die untere Ebene sein (B.Cu). Mit *Leiterbahnen routen (X)* suchen wir uns den ersten Pin und suchen den Weg zum Ziel-Pin. Vorher sollte man unter Leiterbahn (über der Arbeitsfläche, gleich links) einstellen, wie breit der Leiter sein soll.

Man fängt entweder mit kritischen Stellen an, deren Leiterwege eingehalten werden müssen oder nimmt die Stellen, die schon recht eindeutig und einfach zu verbinden sind. Falls an Betriebsspannungsanschlüssen von IC Stützkondensatoren vorgesehen sind, sollten diese so dicht wie möglich am Betriebsspannungsanschluss und der Masse angeordnet sein, da sie sonst ihren Zweck nicht erfüllen. Beim Routen berücksichtigt das Programm die in der Konfiguration festgelegten Abstände. Wenn sie nicht eingehalten werden können, bekommt man den Leiter auch nicht verlegt.

Wenn man Kreuzungen nicht vermeiden kann oder es sich (besonders SMD-Bauelemente) auf der anderen Seite der Platine befinden, muss man von der einen Kupferfläche auf die andere kommen. Hierzu kann man Bauelementenanschlüsse von bedrahteten (TNT) Bauelementen nutzen. Man verlegt bis zum Pin und wechselt die Ebene. Dann kann man weiter verlegen. Manchmal muss man nur über einen Leiter „springen". Da bieten sich Vias an. Man führt den Leiter bis zu der Stelle, an der ein Via erscheinen soll, drückt die Taste V, klickt und das Via wird erstellt sowie automatisch die Ebene gewechselt. Die Größe des Vias richtet sich an den Einstellungen, die man für sie festgelegt hat und unter *Vias* eingestellt hat.

Ebenso wie die Leiterbreiten kann man durch die *Eigenschaften* (Taste E) die Werte des Via auch nachträglich ändern. Wenn man die Leiterbahn anklickt, wird das getroffene gerade Stück aktiviert und man kann es ändern. Falls der gesamte Leiterzug aktiviert werden soll, gibt man den Buchstaben U ein – oder rechte *Maustaste > Auswählen > Verbindung auswählen/erweitern* bzw. *Alle Leiterbahnen eines Netzes auswählen*.

Im Laufe des Routens kann man zu dem Punkt kommen, an dem man nicht weiter kommt und schon geroutete Leiterbahnen löschen muss, um andere Wege zu suchen. Man aktiviert sie einfach und drückt die Löschtaste. Man kann auch das Löschwerkzeug in der rechten Icon-Leiste (ganz unten) nutzen. Falls gar nichts mehr geht und man neu anfangen möchte, kann *Globales Entfernen* hilfreich sein.

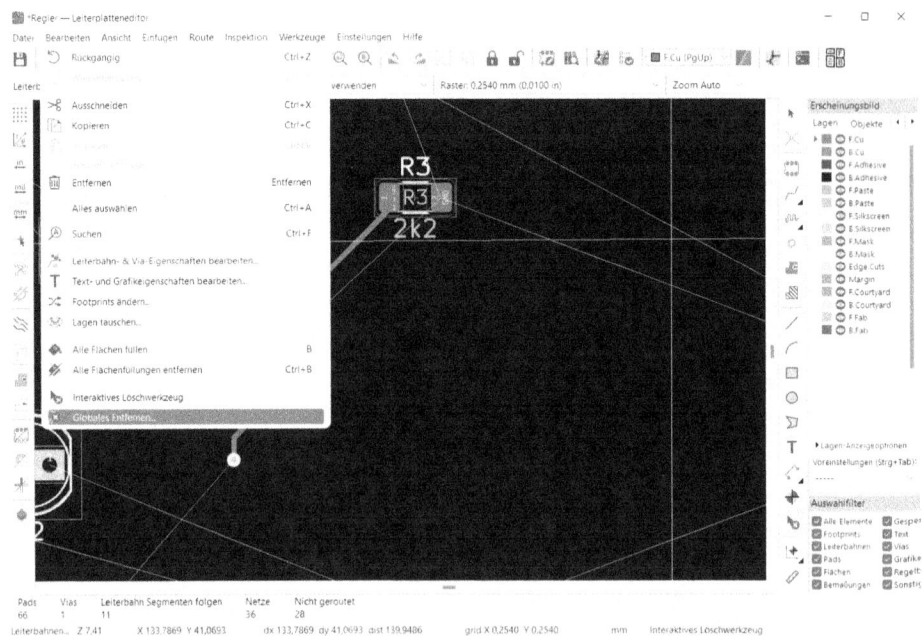

Abb. 35: Globales Entfernen

Im sich öffnenden Fenster wählt man das aus, was entfernt werden soll. Nach einer Sicherheitsabfrage wird die Aktion ausgeführt.

Die elektrischen Verbindungen haben wir jetzt gelegt. Widmen wir uns jetzt mechanischen Teilen. Wir haben sie in der Schaltung als Bauelement vorgesehen und mit Werten versehen (hier im Beispiel ein Montageloch für Schrauben

M 3). Wenn man es aktiviert und die Eigenschaften aufruft, kann man den Typ und die Werte noch ändern.

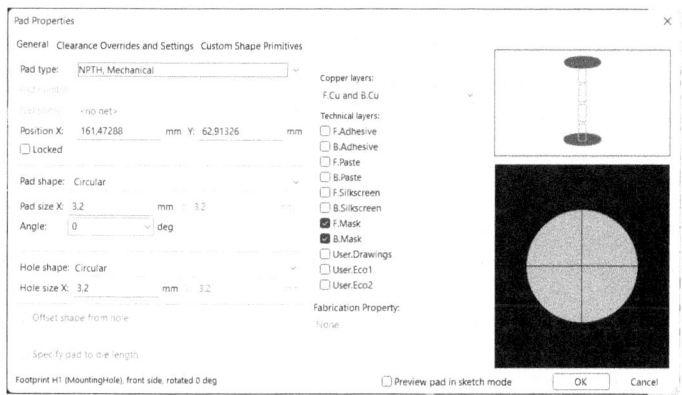

Abb. 36: Mechanisches Bauteil – hier ein Montageloch

Als nächstes fügen wir Beschriftungen hinzu. Die der Ebenen F.Fab und B.Fab werden wir nicht nutzen wollen. Die Referenzbezeichnungen der Bauelemente (R1, R2, …) liegen bereits auf den Ebenen F.Silkscreen bzw. B.Silkscreen (je nachdem auf welcher Seite sich das Bauelement befindet). Damit die Beschriftungen später durch einen Dienstleister auch gedruckt werden, müssen sie auf die Silkscreen-Ebenen. Wie ihr schon mitbekommen habt, gehen ich immer wieder von Dienstleistern aus. Lange Zeit habe ich die Platinen auch immer selbst gemacht. Aber wenn man lange genug sucht und die geeigneten Dienstleister aussucht, kann man sich die Platinen sehr kostengünstig und in einer guten Qualität herstellen lassen. Unter [4] habe ich in den Literaturhinweisen eine Website notiert, die bei der Suche helfen kann. Wenn ich natürlich die Platine selbst ätze, bedrucke ich sie ja nicht. Dann sollten die Beschriftungen auf die Kupferflächen. Hier muss man nur aufpassen, dass sie keine Brücken verursachen.

Um Ätzmittel zu sparen und eine Abschirmung zu erreichen, kann man nicht mit Leiterbahnen belegte Flächen mit Kupfer füllen. Zweckmäßig legt man diese dann auf Massepotential.

Das Werkzeug *Gefüllte Flächen hinzufügen* hatte ich ja schon erwähnt. Wenn man es auswählt und auf den ersten Eckpunkt der zukünftigen Fläche klickt, wird erst abgefragt, welche Fläche ich mit welchem Netz belegen möchte und wie die Fläche aussehen soll. Man kann sie als Gitterfläche oder voll füllen.

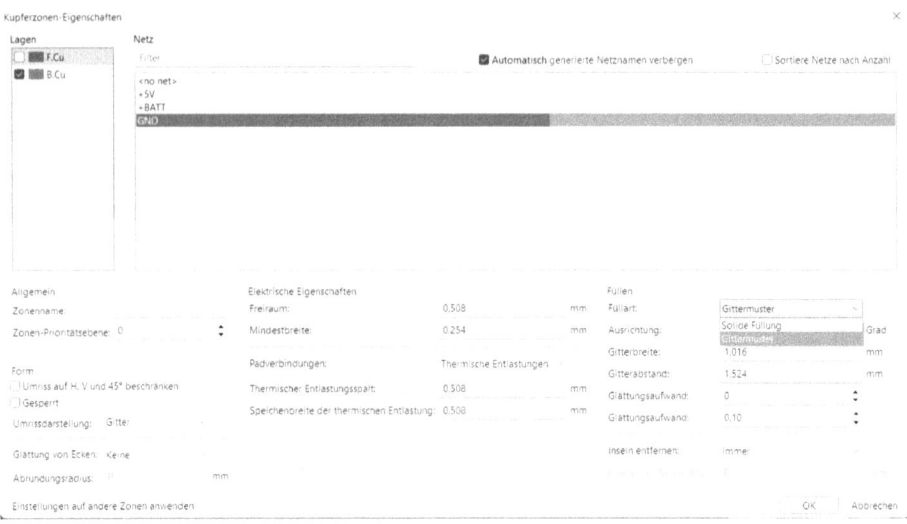

Abb. 37: Kupferzonen-Eigenschaften

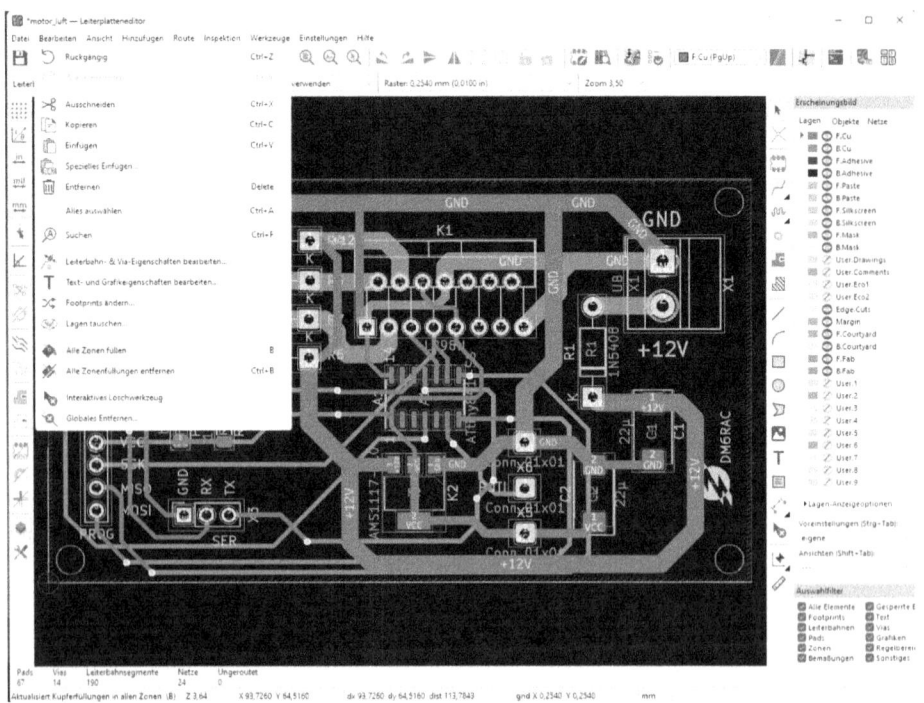

Abb. 38: Zonen füllen

Weitere Parameter sollten eigentlich selbsterklärend sein. Man wird sie eh meistens so lassen, wie sie sind.

Beim Zeichnen darauf achten, dass nicht genau der Rand genommen wird, sonder ein kleines Stück weiter nach innen. Auch darauf achten, dass die Linie geschlossen wird (am Besten reinzoomen). Wenn GND als Netz gewählt wird, werden alle Massenflächen miteinander verbunden. Um die Lötpunkte werden auch Wärmefallen angelegt.

Damit die Flächen auch gefüllt werden, muss es angewiesen werden (Abb. 38).

Danach kann man sich das Ganze dreidimensional ansehen. Für viele (aber nicht alle) Bauelemente gibt es dreidimensionale Modelle.

Abb. 39: 3D-Betrachter

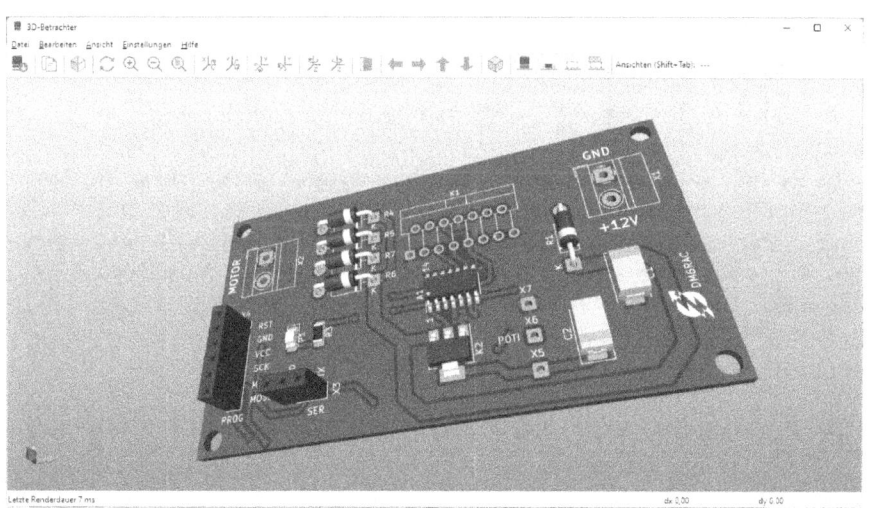

Abb. 40: 3D-Ansicht

Wenn man die Platine selbst belichtet und ätzt, druckt man nur die Kupferflächen (F.Cu bzw. B.Cu) einzeln aus (oder speichert sie als PDF, um sie dann mit
einem Grafikprogramm zusammenzufügen).

Abb. 41: Druck-Menü

Wenn man die Vorlagen zur Belichtung anfertigt, ist darauf zu achten, dass die
Seite der Folie, die die Druckfarbe enthält, auf die mit Fotolack beschichtete
Platine kommt. Dadurch verhindert man Unterstrahlungen. Hier muss dann
beim Druck das Layout eventuell gespiegelt werden.

Einen richtigen Belichter wird im Hobby-Bereich ja wohl kaum jemand haben.
Mit einem Tintenstrahldrucker kann auf durchsichtige Folie gedruckt werden.
Dabei sollte die Auflösung und Dichte so hoch wie möglich sein.

Ich habe keinen Tintenstrahldrucker, sondern einen Laserdrucker. Die Ergeb-
nisse auf durchsichtiger Folie waren dabei nicht gerade überzeugend. Besser
geeignet waren Folien für die Druckformerstellung (mal danach im Internet
suchen). Diese Folien sind nicht durchsichtig, sondern transparent. Allerdings
transparenter als normales Transparentpapier. Der Ausdruck wird dann mit Tonerverdichter besprüht. Den gibt es bei den Versandhändlern für Elektronik.
Durch den Tonerverdichter wird das Schwarz richtig kräftig.

Vielleicht noch ein Hinweis zu Logos u.ä.:

Mit dem Bildumwandler wird ein Bild geladen und als Footprint und Vorder-
seitiger Bestückungsdruck in einem Ordner gespeichert. Dieser Ordner wird
unter *Einstellungen > Footprintbibliotheken* verwalten als Bibliothek hinzugefügt.

Mit Footprint hinzufügen kann das Logo (oder was man da als Bild gespeichert hat) zur Platine hinzugefügt werden. Man findet das unter den Footprints unter dem Alias-Namen der Bibliothek. Man muss dann noch die Eigenschaften aufrufen (Taste E) und den Haken Zeigen bei *Referenzbezeichner* herausnehmen.

Kapitel 5
Fertigungsdaten

5   Fertigungsdaten

5.1   Benötigte Daten

Um die Platine herstellen zu lassen, müssen die Daten der einzelnen Ebenen in ein allgemein gültiges Format umgewandelt werden. Als Standard hat sich das Gerber-Format etabliert. Entwickelt wurde es 1980 vom Unternehmen Gerber Scientific zur Ansteuerung von Fotoplottern. Es ist im ASCII-Format. Im Format werden x-y-Koordinaten festgelegt und was dort zu machen ist. Dabei wird jeweils nur eine Ebene beschrieben. Was bedeutet, dass wir mehrere Dateien brauchen, um die Platine zu erstellen.

Im Prinzip benötigen wir immer:

- die Gerberdateien selbst

- Bohrdateien

- Bohrkartendateien

Ganz wichtig:

- Vor der Erstellung der Dateien die Einhaltung der Designregeln überprüfen (DRC-Check).
  Alle Fehler und Warnungen sollten entfernt werden. Manchmal ist es nur ein ganz kleines Stück Leiter, was vergessen wurde zu löschen. Die Pfeile weisen aber auf die Fehlerstelle und die Maus darüber zeigt oft schon, was falsch ist.

- Nach Erstellung der Gerberdateien muss man diese im Gerber-Betrachter überprüfen.

5.2   Erstellung der Gerberdateien

Da es mehrere Dateien sind und die Platinenhersteller sie nicht einzeln haben wollen, sondern als gepackte (.zip-) Datei, legen wir uns erst einmal einen leeren Ordner an, den wir mit einem aussagekräftigen Namen versehen (z.B. dem des Projektes). In diesen Ordner legen wir später alle Dateien ab und komprimieren ihn dann.

Aus dem Leiterplatteneditor heraus rufen wir die *Fertigungsdaten* auf und daraus die *Gerberdateien*.

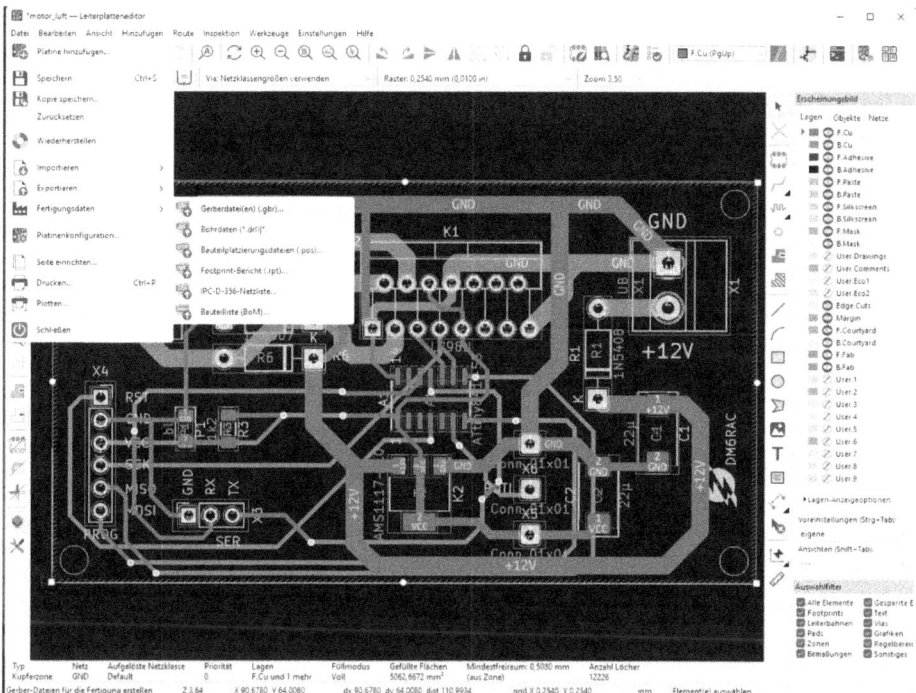

Abb. 42: Fertigungsdaten

Es öffnet sich das Plotten-Fenster.

Hier legen wir fest, was auf welcher Ebene ausgegeben werden soll. Welche genauen Parameter aktiviert werden, hängt vom Platinenhersteller ab. Ich beziehe mich hier auf die Firma JLCPCB [5]. Am Besten auf der Herstellerseite nachsehen, ob es besondere Einstellungen gibt.

Folgende Ebenen sollten aktiviert sein:

- F.Cu, B.Cu
- F.Paste, B.Paste
- F.Silkscreen, B.Silkscreen
- F.Mask, B.Mask
- Edge.Cuts

Abb. 43: Fenster Plotten

Oben wird das Verzeichnis ausgewählt, in dem die Dateien abgelegt werden sollen. Falls man es nicht macht, liegen alle im Projektordner und man muss sie mühsam zusammensuchen. Dabei besteht die Gefahr, dass man etwas vergisst oder die falschen aussortiert.

Die Optionen rechts bedeuten:

- Referenzbezeichner plotten
  Sorgt dafür, dass die Bezeichner (R1, C1 usw.) auf die Siebdruckebene kommen.

- Verwende Protel-Endungen für Dateinamen
  Die damalige Firma Protel hatte ein Programm zur Erstellung von Leiterplatten entwickelt und darin Endungen festgelegt. Dieser Hersteller verlangt diese Endungen – andere möglicherweise andere.

- Lötstoppmaske vom Bestückungsdruck subtrahieren
  Damit wird sichergestellt, dass kein Siebdruck auf Pads erfolgt.

- Kupferfläche vor dem Plotten prüfen

- Das X2-Format kann eingeschaltet werden, muss aber nicht.

Dann wird auf *Plotten* gedrückt und das Fenster offen gelassen. Falls Kupferflächen angelegt, aber nicht gefüllt bzw. nach Änderungen nicht neu aufgebaut wurden, gibt es eine Fehlermeldung, die zum Füllen auffordert.

Jetzt erstellen wir die Bohrdateien. Dazu klicken wir auf *Bohrdateien erzeugen* unten rechts.

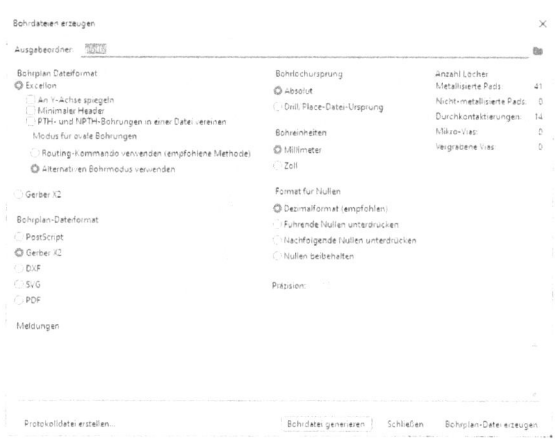

Abb. 44: Bohrdateien

Es wird das Gerber-Format benötigt. Für ovale Bohrungen verlangt dieser Anbieter den alternativen Bohrmodus. Rechts oben sehen wir, wieviele Bohrungen und Durchkontaktierungen es gibt. Sowohl Vias als auch Pads werden metallisiert und haben demzufolge Kontakt zu beiden Seiten der Platine. Der nicht metallisierte Pad ist die Befestigungsbohrung. Ganz oben ist wieder der Ordner angezeigt, in dem abgelegt werden soll.

Ein Klick auf *Bohrdatei generieren* erstellt die Bohrdatei. Danach können wir die Fenster schließen.

Wir gehen jetzt in den Ordner, in dem sich der Ordner mit den Gerberdateien befindet. Diesen Ordner komprimieren wir zu einer .zip-Datei. Diese Datei laden wir später zum Platinenhersteller. Aber vorher überprüfen wir sie erst einmal. Hierzu öffnen wir den Gerber-Betrachter.

In diesen laden wir die .zip-Datei.

Jetzt kann man sich die einzelnen Dateien ansehen. Zweckmäßig ist es, erst einmal alle neu hinzugekommenen Ebenen abzuschalten und dann immer nur eine ansehen. Falls man Fehler feststellt (z.B. fehlende Beschriftung, die man vielleicht auf die falsche Ebene gelegt hat) können diese im Platineneditor geändert werden. Nur muss dann die betreffende Gerberdatei natürlich auch neu generiert werden.

Wenn alles zur Zufriedenheit ist, kann die .zip-Datei zum Platinenhersteller hochgeladen werden.

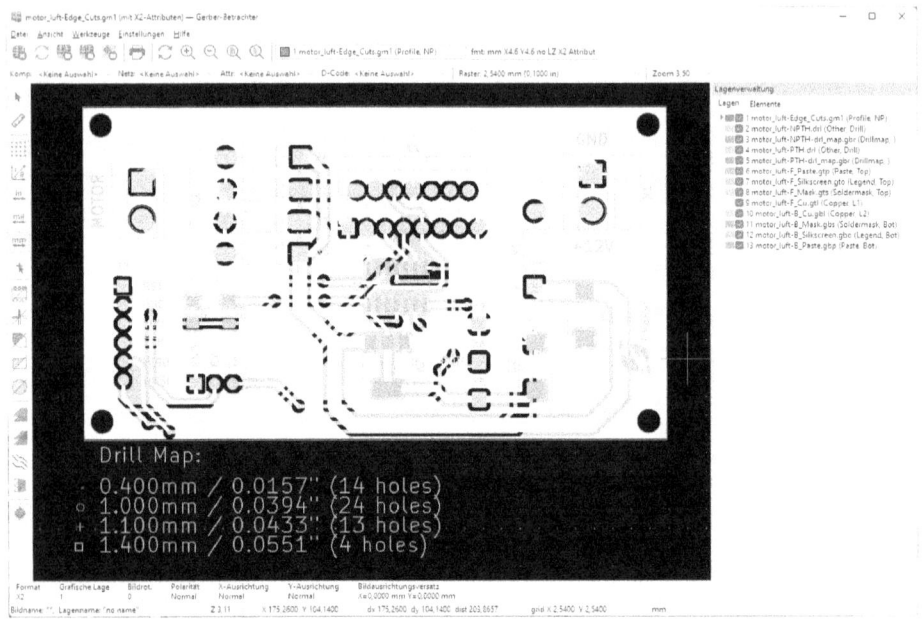

Abb. 45: Dateien im Gerber-Betrachter

Eine Alternative wäre ein Plugin vom Dienstleister. Für JLCPCB gibt es eins. Ich vermisse aber im Gerber-Betrachter die Drill Map…

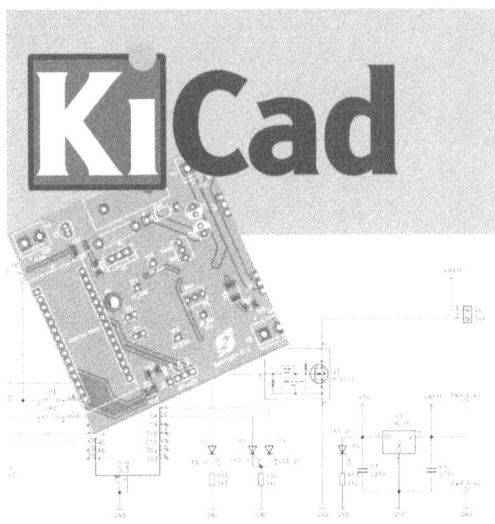

Jörg Bischof

KiCad 6
Brief introduction for the practitioner

This book provides an introduction to the KiCad 6 program. This program can be used to draw circuits and create circuit board layouts. It is intended for practitioners who want to draw their circuits professionally and then use them to produce circuit boards (or have them made). The book shows the steps and settings that are actually only required as a rule. But the program can do much more. Problems such as distances from high voltage or microwave lines are usually not part of the amateur's everyday life.

Contents:

- General information on the design of the printed circuit board
- Installing KiCad 6
- Schematic Editor
- Board editor
- Creation of Gerber files for circuit board production at service providers

Jörg Bischof

Mikrocontrollerprojekte mit Arduino, ATmega, ESP32 und Co.

Von der Idee zum fertigen Projekt

Dieses Buch soll keine Ansammlung von Programmierbeispielen zur Lösung aller möglichen und unmöglichen Probleme sein. Das Ziel ist mehr die Heran-führung an die Lösung von eigenen Projekten. Dazu werden zuerst die grundlegenden Gesetze der Elektrotechnik, die man zum Aufbau von Schal-tungen mit Mikrocontrollern unbedingt wissen muss, kurz erläutert.

Es wird die Arduino IDE zur Programmierung von Arduino und ESP8266 sowie ESP32 und das Microchip Studio für ATmegaXX- Controller erläutert.

Eingegangen wird auch auf grundlegende Befehle und Operationen, die man zur Programmierung in der Sprache des Arduino sowie C/C++ benötigt. An-hand von wenigen Programmierbeispielen soll gezeigt werden, wie an die Lösung von eigenen Programmierproblemen herangegangen werden kann.

Es wird gezeigt, dass es nicht nur eine Lösung geben muss, um zum gewünsch-ten Ergebnis zu kommen.

Experimente mit Mikrocontrollern

Arduino IDE

Einführung in die Sprache
der Entwicklungsumgebung

Jörg Bischof

1

Dieses kleine Buch hat die Aufgabe, die Nutzung grundlegender Befehle der Arduino IDE vorzustellen. Es kann, und soll, keine komplette Anweisung zur Programmierung dieser kleinen, aber recht nützlichen Entwicklungsumgebung sein.

Die Beschränkung im Buch auf den Arduino Uno R3 und den Arduino Nano sagt nichts aus über das wahre Potential dieser IDE.

Es sind eine Vielzahl weiterer Boards der Arduino-Familie und auch, mit einer kleineren Erweiterung, die man in den Einstellungen der Arduino IDE vornimmt, von Boards mit anderen Controllern, wie dem ESP8266 und ESP32, möglich. Und das auch mit der (vereinfachten) Sprache der Arduino IDE. Besonders wertvoll ist auch, dass diese Sprache zusammen mit Befehlen von C/C++ verwendet werden kann.

Mit diesem Buch beginnt eine lose Serie zu Experimenten mit Mikrocontrollern. An Beispielen werden Lösungsvorschläge erläutert.

Experimente mit Mikrocontrollern

Differentielles GPS mit ESP32

Jörg Bischof

GPS-Werte werden vielfältig zur Ortsbestimmung verwendet. Das Problem ist, dass die Werte durch die Atmosphäre beeinflusst werden. Wenn man eine genauere Ortsbestimmung im Bezug auf einen bekannten Standort möchte, hilft Differentielles GPS, das aus zwei GPS-Empfängern besteht. Im Buch wird ein derartiges System unter Verwendung von GPS-Empfängern u-blox NEO-xxx und dem Controller-Modul ESP32 beschrieben. Es wird sowohl Hardware wie auch die Software ausführlich beschrieben. Die Software ist Open-Source unter EUPL-Lizenz. Das Buch ist auch für Interessenten interessant, die zwar kein GPS-System aufbauen möchten, sich aber mit dem Controller ESP32 beschäftigen.

Inhalt:

- Prinzip des Differentiellen GPS
- Nutzung der Arduino IDE für den ESP32
- Ausgabe über GPIO-Anschlüsse
- Verwendung von Touch-Sensoren ohne und mit Interrupt
- Verwendung des GPS-Moduls
- Datenübertragung mittels dem ESP-NOW-Protokoll

Der ESP8266 ist ein Mikrocontroller, der auch die Möglichkeit besitzt, über WLAN zu kommunizieren. Von Vorteil ist, dass dieser Controller auch recht einfach mit der Arduino IDE mit deren vereinfachten Befehlen programmiert werden kann.

Im folgenden Projekt wird beschrieben, wie die Relaisschaltung eines Antennenumschalters mit einem Browser über das heimische WLAN geschaltet werden kann. Dabei wird auch auf wesentliche Grundlagen der Erstellung von Webseiten mit HTML und CSS eingegangen. Dieses ist notwendig, weil im Browser (egal, ob am PC oder im Handy) eine Webseite als Benutzeroberfläche verwendet wird.

Das Projekt ist nicht nur für Amateurfunker interessant. Auch Interessenten, die andere Möglichkeiten suchen, Schaltvorgänge über WLAN mittels eines Browsers suchen, können hier fündig werden.

Es wird ein Experimentiersystem für den Arduino Uno beschrieben. Es besteht aus zwei Platinen, mit denen verschiedene Programmierexperimente durchgeführt werden können.

Ziel ist es, Programmierunerfahrene (beispielsweise Schüler) zum Einen in die Bestückung einer Leiterplatte zu schulen, zum Anderen die Programmierung ohne "wackligen Drahtverhau" zu ermöglichen.

Das System ist flexibel und ermöglicht ein Vielzahl von Programmieraufgaben ohne Änderung der Hardware. Wert wurde auf eine einfache Handhabung bei minimalen Materialaufwand gelegt. Die Platinen werden einfach auf den Arduino Uno gesteckt.

Damit auch eigene Projekte gestaltet werden können, wird erläutert, wie mit dem Programm KiCad ein Template für eigene Schaltungen und Leiterplatten erstellt werden kann. Die Schaltungen, das Platinenlayout sowie die Programmierbeispiele sind Open Source unter der Lizenz EUPL und über GitHub verfügbar.

6   Literatur

[1]   …: Eagle im Hobbybereich. mikrocontroller.net.
       [Online] https://www.mikrocontroller.net/articles/
       Eagle_im_Hobbybereich#
       Empfehlungen_für_Leiterbahnen_im_Hobbybereich
       Stand: 21.04.2022

[2]   …: KiCad. kicad.org.
       [Online] https://www.kicad.org
       Stand: 27.02.2023

[3]   ngspice: Ngspice Documentation
       [Online] https://ngspice.sourceforge.io/docs.html
       Stand: 26.02.2023

[4]   …:Platinenhersteller. mikrocontroller.net.
       [Online] https://www.mikrocontroller.net/articles/Platinenhersteller
       Stand: 08.05.2022

[5]   …: How to generate Gerber and Drill files in KiCad 6. jlcpcb.com.
       [Online] https://support.jlcpcb.com/article/194-how-to-generate-ger-
       ber-and-drill-files-in-kicad-6
       Stand: 27.02.2023